本书主要人物

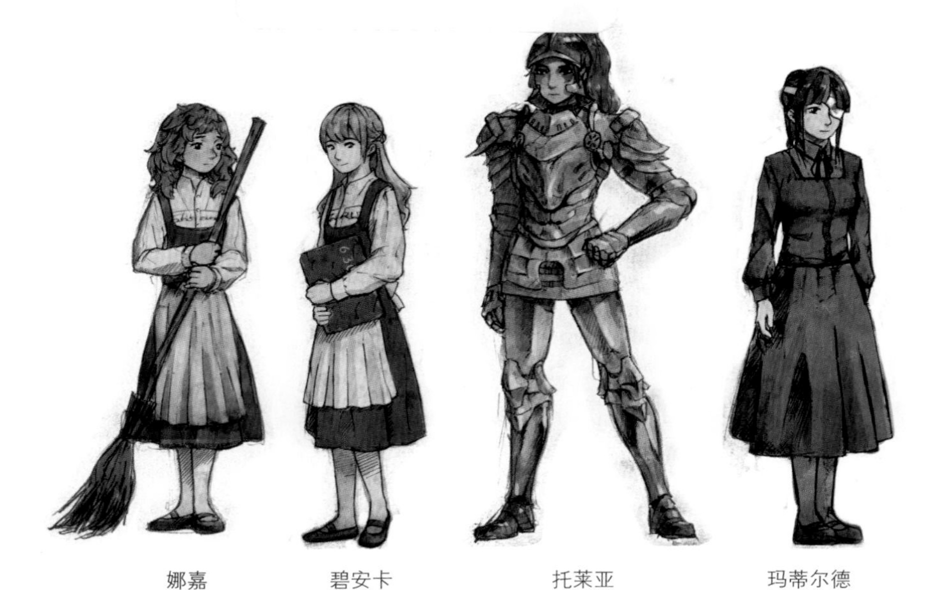

娜嘉　碧安卡　托莱亚　玛蒂尔德

拉姆蒂克斯　王妃　理查德

麦姆

卡夫

扎因

达莱特

格义麦勒

人物插画：东京书籍

数之女王 数论与算法的奇幻故事

[日]川添爱——著
林明月——译

人民邮电出版社
北京

图书在版编目（CIP）数据

数之女王：数论与算法的奇幻故事 /（日）川添爱著；林明月译. -- 北京：人民邮电出版社，2022.6

ISBN 978-7-115-59279-8

Ⅰ. ①数… Ⅱ. ①川… ②林… Ⅲ. ①数论－青少年读物 Ⅳ. ①O156-49

中国版本图书馆CIP数据核字(2022)第081208号

内 容 提 要

少女娜嘉的姐姐碧安卡在一场“计算仪式”中离奇死亡。在寻求真相的过程中，娜嘉无意间被吸入一面镜子中，并遇到了可以分解“命运数”的精灵族。通过素数的相关计算，娜嘉发现了一个巨大的阴谋，以及这个“数之世界”的真相……

本书是以奇幻小说形式创作的初等数论科普读物。作者将初等数论中的计算原理、数的性质等知识转化为魔法、祝福、诅咒，打造出了一个由数构成万物的奇幻世界，并通过讲述数论中的相关证明，以悬疑解谜的剧情逐步呈现出数的奇妙魅力。本书可作为了解初等数论与算法的趣味读物，也可作为引导读者感受数学魅力的普及读物。

◆ 著　　　[日]川添爱
　译　　　林明月
　责任编辑　武晓宇
　责任印制　彭志环

◆ 人民邮电出版社出版发行　　北京市丰台区成寿寺路11号
　邮编　100164　　电子邮件　315@ptpress.com.cn
　网址　https://www.ptpress.com.cn
　北京市艺辉印刷有限公司印刷

◆ 开本：880×1230　1/32　　彩插：1
　印张：9.375　　2022年6月第1版
　字数：234千字　　2022年6月北京第1次印刷

著作权合同登记号　图字：01-2020-1749号

定价：79.80元

读者服务热线：(010) 84084456-6009　印装质量热线：(010) 81055316

反盗版热线：(010) 81055315

广告经营许可证：京东市监广登字20170147号

版 权 声 明

The Queen of Numbers

Copyright © 2019 by Ai Kawazoe, Tokyo Shoseki Co., Ltd.

All rights reserved.

Originally published in Japan in 2019 by Tokyo Shoseki Co., Ltd.

Chinese (in simplified characters only) translation rights arranged with

Tokyo Shoseki Co., Ltd. through Pace Agency Ltd.

本书由日本东京书籍株式会社正式授权，版权所有，未经书面同意，不得以任何方式进行全书或部分翻印、仿制或转载。

主要人物

麦姆	精灵，镜中精灵的领导者。
格义麦勒	精灵，身材魁梧且性格稳重。
达莱特	精灵，格义麦勒的堂兄弟，身材魁梧。
卡夫	精灵，麦姆的堂兄弟，性格开朗。
扎因	精灵，不爱说话，做事谨慎。
娜嘉	13 岁的少女，年幼时父母双亡，后成为王妃养女。
王妃	梅尔辛王国王妃，传言常对人施咒。
碧安卡	王妃的长女，娜嘉最爱的姐姐，八年前下落不明。
玛蒂尔德	王妃的侍女，主要负责城内药草田和蜂屋的工作。
理查德	王妃的长子，性格残暴。
拉姆蒂克斯	著名年轻诗人，据说与王妃关系暧昧。
托莱亚	梅尔辛城卫兵队长。
乐园园长	负责传达神意的中年女子。
塔妮亚	乐园园长之女。

本作品纯属虚构，与现实中的人物、团体没有任何关系。

目录

序章

麦姆很着急。

他和伙伴们与“外面的世界”隔绝已有数年之久。在这间四面石壁的“工作小屋”中，唯一能与外界取得联系的，是头顶上方的一面仿佛嵌在石壁中的椭圆形镜子。现下外界没有传递命令进来，“工作小屋”内十分安静。除了麦姆，大家都在睡觉。虽然这种宁静很短暂，但是大家能休息片刻，什么都不用想。

身材魁梧的格义麦勒和达莱特同平时一样直接躺在了凹凸不平的硬石床上，两人鼾声此起彼伏。做事谨慎的扎因闭着眼倚在工作台旁。小个子卡夫四仰八叉地躺在工作台上。

表面上看大家与往日没什么不同，但麦姆察觉到，异常情况已初露端倪。

那就是“命运数泡沫”。精灵身体强健，寿命可达数百年之久。“命运数泡沫”是他们唯一可能患上的“病”。一般来说，只有即将寿终正寝的长者才会出现这一症状。可如今大家明明还十分年轻，却被这洞内的空气侵蚀，生命力急剧衰退。若是继续留在洞内，包括麦姆自己在内的所有人在不久的将来都会出现“泡沫”，走向死亡。

但是，为何偏偏是年龄最小的卡夫最先出现这样的症状？

麦姆百思不得其解。实际上，卡夫的身体明显一天比一天衰弱。

到底是何原因？和其他人相比，卡夫的工作也不算重。单纯从工作强度上看，格义麦勒和达莱特的工作强度要比卡夫大得多。他们不仅要往返“工作小屋”与“圣书”之间，还要躲避神使的看守，在“圣书”中找到目标“页”，拿到“命运数的复写页”。

如果工作强度不是病源，那么究竟什么才是致病的罪魁祸首？不，眼下应该找的不是病因，而是救治的方法。怎样才能帮到卡夫呢？正当麦姆要陷入深思之时，上方的镜子开始发光。“主人”——那个冷酷无情的人类女人出现了，又来使唤麦姆他们了。

不知不觉中，外面的世界似乎又过了一日，因为每逢一天开始之际，那个女人的指令最为频繁。眼下，麦姆不得不把实现“主人”指令的“步骤”传达给伙伴们。没办法，这是他们的“工作”。

麦姆心想，继续这样下去，大家的生命力会不断损耗，直至最后身衰力竭，患上“命运数泡沫”而死。虽然这不是大家期望的，但“主人”的指令又不得不遵从。

麦姆在心中苛责自己，为什么自己没能在陷入这等境地前，看清那个女人的阴谋呢？镜子发出的光璀璨夺目，照亮了“工作小屋”，也照亮了里面的每一个精灵。但那不是生命之源的光芒，而是万恶的诅咒之光。

“我绝不放弃！”麦姆咬紧牙关，不想让自己的内心被绝望吞噬。一切都还有希望，就像那位黑眸神秘人说的。

“一定会有人来救你们的。能够救你们的人……能够进入镜子里的人很快就会来了。”

可那个人究竟什么时候才会来？今天，还是明天？

“请快些来吧。趁我们还活着。”

神圣传说

万物始于数。

万物本源、万数之母乃最高神“数之女王”。

数之女王孕育大气与诸神，开天辟地，创造精灵与人类。

万数之母赐予每个“子孙”不同的数。

数即生命本体。亦为我们幻化人形的命运数。

“第一人”的命运数是“祝福之数”。

不灭神在宇宙中心的“圣书”中为其专门留出位置，

记录“第一人”幻化人形的“祝福之数”。

不老神将乐园赐予“第一人”。

“第一人”在乐园里过得何其逍遥自在，

却在某日被“影”唆使。

“影”说：

“即便你拥有‘祝福之数’，但最终仍会年老而死。

难道你不渴望获得不老神那般更加美好的数吗?”

“第一人”不满于自身之数，为收集他人魂魄

以获得“不老神数”而大开杀戒，最终招来众神之怒。

众神收其“祝福之数”，并将其逐出乐园。

第一章
悲惨的回忆

与梅尔辛城寝殿毗邻的神殿里，蒙着玫瑰色面纱的娜嘉双目紧闭跪在祭坛前，诵唱着“神圣传说”的开头。神殿里挤满了人，大家都在听娜嘉诵经。娜嘉今年 13 岁了，自懂事以来，早已无数次诵唱过“神圣传说”。但不同往日，今日她诵唱“神圣传说”是为了完成自己的成人典礼。所以她必须在梅尔辛城的大祭司和众多宾客的见证下，把“神圣传说”从头至尾一字不差地诵唱出来。

今天的诵唱只许成功不许失败。不仅不可说错，中间也不可有半分停顿，不然怕会酿成大错。因为王妃来了，梅尔辛王国的重要人物也都出现在了今日的典礼上。一个月前，被大家叫作“黑衣玛蒂尔德”的侍女突然来到娜嘉平日工作的纺织屋，向娜嘉交代了仪式的流程后说：

“当天，史慕斯伯爵夫妇和厄尔多大公国使节等重要人物都将莅临。你务必仔细准备，断不可失了王妃的颜面。”

玛蒂尔德年龄比娜嘉稍大一些，五官端正，发色乌黑，身着与往日无异的高领黑袍。她的右眼大大的，睫毛很长，明亮的黑眸直勾勾地看着娜嘉。而她的左脸从额头至脸颊上部蒙着一块大大的白色眼罩，这让人看不见她的左眼。

据娜嘉所知，玛蒂尔德从四年前来到梅尔辛城开始就一直效忠于王妃。虽然玛蒂尔德的话是在提醒娜嘉，但在娜嘉看来更像威胁。或许玛蒂尔德看出了娜嘉的胆怯，安抚道：

"王妃殿下非常期待看到娜嘉殿下您在成人典礼上的表现。"

可玛蒂尔德面无表情的模样令这话听起来更显得惺惺作态，以致娜嘉内心愈发不安。那天后，娜嘉每日努力练习诵唱"神圣传说"，不敢有丝毫懈怠。

在众人的注视下，娜嘉诵唱的"神圣传说"进入"第一人"之罪的部分。神殿尽头的壁画上也描绘了这一情节。壁画里有位肌肤胜雪、面若桃花的长发女子，她丰腴的体形彰显了其人类之母的地位。她伸出右手像是向天乞求某物，身后乌烟氤氲，那是"神圣传说"中的"影"。壁画四周是众不老神与不灭神的雕像，像是要把壁画团团围住。

每每想起"神圣传说"中的这段故事，娜嘉都会好奇，"第一人"想要的"不老神数"究竟是什么数。

命运数，即传说被称作"万数之母"和"数之女王"的"唯一最高神"赐予每个人的不同的数。若是如此，娜嘉必然也被赐予了某个数，可娜嘉并不知道那是什么数。据传"圣书"中记录了所有人的命运数，但无人知晓"圣书"在何处。

想必"第一人"不仅知道自己被赐予了什么数，而且清楚那个数背后的意义，所以才会心生怨恨与不满。究竟是有多不满啊，竟令其背弃众神。"第一人"带着祝福降生于世，只要心无贪欲便可永居乐园，可是……

娜嘉心想，我就从未有去外面的世界看看的念头。

于娜嘉而言，梅尔辛城就是她的全世界。虽然她在书中见过也听他人说过，梅尔辛王国不止梅尔辛城这一座城，世上亦不止梅尔辛王国这一个国家，外面不仅有形色各异的人们，还生活着身形矮小的精灵们，但这些都勾不起娜嘉的兴趣。娜嘉已不再对未来有所期待，现在如此，8 年前亦是如此。所以娜嘉才会遵照王妃的旨意，接受这场成人典礼。这场典礼不光是庆贺娜嘉长成大人，她还必须在典礼上向诸神宣誓此生将永居梅尔辛城。这意味着，这场典礼后，娜嘉将如王妃所愿，此生不会踏出梅尔辛城半步，不会外出旅行，也不会结婚。

“娜嘉，你喜欢梅尔辛城吗？”

在娜嘉想要专心诵唱“神圣传说”时，心中冒出一个温柔的声音，娜嘉的思绪被拉向远方。许多年前，有人也曾问过她同样的问题，是比她大 6 岁的姐姐碧安卡。娜嘉口中诵唱着“神圣传说”，心里却忍不住回答姐姐：

“不喜欢。”

而且娜嘉从来就没有喜欢过这里。为什么呢？娜嘉想起年幼时自己曾和姐姐说过的话。

“因为梅尔辛城和王妃殿下如出一辙，叫人无法喜欢。”

虽然娜嘉已深切认识到从前的自己根本不知害怕为何物，但这的确也是她真实的想法。事实上，梅尔辛城就是王妃设下的桎梏。在城内的时间越长，娜嘉越能真切感受到这一点。只是当初姐姐碧安卡听到娜嘉的回答时大惊失色，环顾四周后，小声地同娜嘉说：

“娜嘉，这话不能让别人听去了，不然可不得了。你记住，千万不要在有其他人在的场合说这话。还有，不是‘王妃殿下’，是‘母妃殿下’。我们的母妃殿下。”

姐姐很少在娜嘉面前露出这般惶恐不安的样子。娜嘉见状，心里直打鼓。

“对不起，碧安卡。我以后再也不说了。”

“娜嘉，只有我们二人时，你想说什么都可以。”

说这话时，碧安卡脸上又露出了盈盈笑意。此后每每想起碧安卡的笑，娜嘉都会忍不住流泪。幸好在哭出来之前，娜嘉的思绪又回到了成人典礼上。

◈

娜嘉并非王妃的亲生女儿，她是在自己记事前被王妃带回梅尔辛城的。传言娜嘉的父母死于流行病，是王妃可怜她这么小就成了孤儿，才把她带回身边做了养女。但娜嘉却觉得不可信。这么多年有多少孩子因为流行病失去双亲成了孤儿，尤其是近些年流行病大爆发，变成孤儿的孩子更是数不胜数，可却从未听说王妃有任何关切他们的举措。难道是娜嘉于王妃有何特别意义？那倒也未必见得。说起来，王妃是因为可怜娜嘉才收其做了养女，但她从未关心过娜嘉分毫。平日里，娜嘉与下人们一同被关在"离院"做针线和纺织的活儿。除了那场令人忌讳莫深的"惨剧"和这次的成人典礼外，娜嘉从未享受过王族待遇。

可姐姐碧安卡和娜嘉不同，她是王妃的亲生女儿，肌肤似雪，鼻梁高挺，金发红唇蓝眸，活脱脱就是王妃的翻版。而且碧安卡 10 岁后甚至超越了王妃的美貌。反观娜嘉一头粗硬的红发，小小的鼻子，一脸雀斑。一看就知道这二人绝不是亲姐妹。

虽然不是亲姐妹，但娜嘉打心底里喜欢姐姐碧安卡。娜嘉曾幻想若自己有个女儿像碧安卡那么漂亮，自己一定会极其宠溺她吧。不过王妃却没把亲生女儿放在心上，视她与下人无异，从来没觉得自己的女儿高贵。王妃真正在意的是她的亲生儿子理查德。理查德比娜嘉大 2 岁，比碧安卡小 4 岁。

理查德。

仅是想到这个名字，娜嘉每次都会感到背上一阵寒意袭来。哥哥理查德长得和王妃很像，是个英俊的少年，但性格极其残暴。

娜嘉4岁时，险些命丧理查德的剑下。当时理查德刚开始学习剑术，整日剑不离身。一日，理查德看到娜嘉帮忙运送圆饼经过练习场附近，突然举剑刺向娜嘉的后背。理查德倒不是针对娜嘉，只是把碰巧路过的娜嘉当成了练习用的“移动刺靶”。好在姐姐碧安卡用右手挡住了理查德的剑，娜嘉没有受伤。而碧安卡的右胳膊被刺了一道很深的伤口，血流如注。娜嘉永远无法忘记，当时看到流血的碧安卡和被吓哭的自己时，那个狂笑不止犹如看戏般的理查德。理查德笑得前仰后合，摔了个四脚朝天。

接到卫兵通报匆匆赶来的王妃扫视了一眼现场，关切地问道：

“理查德，你没事吧？”

王妃心疼地搂着只是摔了一跤的理查德，吩咐卫兵好好照看。然后对着当时正在给碧安卡止血的卫兵队长瓜尔特吼道：

“瓜尔特！管那些无关紧要的人做什么，快去看看理查德！”

直到现在，娜嘉仍会不时想起王妃说的那句“无关紧要”，以及当时理查德脸上浮现的冷笑。

之后，理查德变本加厉，几名卫兵和下人接连死于他之手。3年前，因对曾直言规劝自己收敛行为的卫兵队长瓜尔特怀恨在心，理查德趁其不备对瓜尔特下了毒手。两年前，理查德曾助同盟国厄尔多大公国平定了哈尔里昂国战乱，战功显赫。传闻，战后他不仅虐杀战俘，甚至连敌军里手无缚鸡之力的平民也不放过。谁也没想到，王妃竟然会宠溺这样一个杀人如麻的冷血之徒。

理查德就不用说了，娜嘉对王妃也没什么好感，从未将王妃视为“母亲”。但碧安卡却对王妃抱有敬慕之情。

“娜嘉，你知道吗？大家都说我们的母妃被神明赐予了‘祝福之数’。”

“那是什么数？”

“很大的‘元素之数’。一个除了 1 和它本身以外不能被其他任何数整除的大数。”①

碧安卡说这话时得意的模样，至今还印在娜嘉的脑海里。当时，碧安卡的右胳膊上已经被理查德留下了一道伤疤，形似新月第二日的月亮，略微弯曲，让人看着心疼。这么大的伤疤只怕要跟着碧安卡一辈子了。尽管如此，碧安卡也从未责怪过她的母妃。以至于娜嘉反过来质疑自己，不喜欢王妃是不是错了？

可实际上对王妃而言，碧安卡和娜嘉只不过是单纯的劳力而已。她总是让跟随自己多年的侍女长给她们安排各种各样的工作。其中甚至包括一些不可能完成的任务。8 年前的一天，侍女长像往常一样，带着碧安卡和娜嘉等众多年轻的下人去往位于梅尔辛城郊区的简陋小屋。小屋原本是饲养家畜的地方，如今堆满了桌椅，墙壁上挂着一块大石板。屋里没有窗户，十分昏暗，不点灯白天也看不清东西。侍女长拎着煤油灯，灯苗微晃，她说：“从今天起你们就是‘算士’了，切记要勤奋工作！”随后她又向大家强调这是王妃殿下亲自吩咐的保密工作，绝对不可向外透露一字半句。

从那天起，娜嘉和大家每天早早就被喊到小屋做事。每人每天都会被分到一个像 41392 或 246036 的大数，然后大家对照墙壁石板上的“一览表”，用拿到的数分别去除以一览表中的数。

一览表中的第一个数是 2。先用当天分配到的“大数”除以 2，如果可以被整除，就先记录“2”，然后用计算出的“商”继续除以“2”。若仍能被整除，则继续重复上述操作，直到无法被 2 整除为止，这时尝试用最后一次计算出的商除以一览表中的下一个数——3。3 后是 5，接下来是 7。

① 本书中所说的“数”，均指正整数。——编者注

时至今日，娜嘉依旧能够说出一览表中的每一个数，2、3、5、7、11、13、17、19、23、29、31、37……一直到127，总共有31个数。这些都是“除了1和它本身以外不能被其他任何数整除的数”。梅尔辛王国的人称之为“元素之数”。姐姐碧安卡说：“实际上元素之数还有很多，远不止这些。只是一览表中无法全部记录而已。”

当“大数”除以一览表中的“元素之数”的商为1时，或者把一览表中的数作为除数全部轮完一圈后，即代表着一轮计算结束。无论是前述的何种情况，只要计算结束就需要向侍女长报告自己的“记录数”。

这项工作对于所有人而言都十分不易，既耗时又耗力，更不用说当时只有5岁的娜嘉。除了娜嘉和碧安卡，其他算士都是梅尔辛城下人或卫兵的女儿，几乎都未受过教育。这些连自己的名字都不会读写的女孩，在短时间内被灌输了从数的读法到除法运算的知识。学习刚结束，又立即开始了从早到晚用白色粉笔和黑色石板做除法计算的工作。

仅是确保除法计算不出错就够难了，忘记或是颠倒操作顺序的事更是家常便饭。所有人中只有碧安卡可以独自精准地进行计算。每次她提前完成自己的计算任务后，都会巡视监督其他算士们的计算结果。若发现其中有错误，她会帮忙修改。当然，是在侍女长不在的时候。

有一次，娜嘉分配到的“大数”是56391。她用这个数除以3，得出结论“不能被整除”。碧安卡见状说：

“娜嘉，56391应该可以被3整除呀。”

“是吗？碧安卡你怎么知道它可以被3整除呢？”

“你试试把这个数的各数位上的数字相加。”

“你是说，5+6+3+9+1吗？”

“是的。相加结果等于24对吧，24可以被3整除吧？”

“嗯……可以，因为 24 是 3 的倍数。”

“没错，我们娜嘉可真聪明。就像这样，如果一个数各个数位上的数字相加之和可以被 3 整除，那么这个数就可以被 3 整除。”

“啊！那我弄错了，怎么办？来不及了！”

“没关系，重新再算一遍吧。我帮你一起算，加油！”

“谢谢你，碧安卡！”

碧安卡还知道很多各种各样的知识，她把这些都教给了算士们。“看各个数位上的数字相加之和能否被整除”的方法不仅适用于除数为 3 的时候，除数为 9 时也可使用这个方法。如果想知道一个数能否被 19 整除，可以把最右侧数位上的数分离出来乘以 2，再加上剩下的数，然后重复这一步骤，如果最后出现 19，则表示该数可以被 19 整除。娜嘉十分好奇：“碧安卡，这些知识你都是怎么知道的呀？”但是碧安卡每次都只说是从书里看到的。不过每次娜嘉或其他算士们碰到困难，碧安卡总能用她知道的知识帮助大家解决。

娜嘉想起碧安卡和其他少女们的笑容。那会儿工作虽然十分辛苦，但大家还是有开心的时候。

可是，谁都没想到最后竟是那样的结局。

这项秘密工作开展不到一年突然被终止。而且除娜嘉外的所有算士和负责安排工作的侍女长也突然遇害。

一想到当日的情形，娜嘉仍心有余悸。那天夜里，睡在离院的娜嘉猛然发现碧安卡没在隔壁床上。这么晚了，碧安卡会去哪儿？娜嘉越想越觉得不对劲，周围的空气也越发“诡异”，似乎是压力的变化。这种变化像是唤醒了娜嘉深藏在潜意识和记忆中的恐惧，令娜嘉陷入深不见底的恐惧中。

然后，娜嘉看到见所未见的生物飞过自己的床头。

圆脑袋，长尾巴，纤细的四肢，这种生物有点像蜥蜴，灰色身体还微微地透着光。另外，它的头部、下巴和后背有许多发光的金色斑点。

奇怪的生物对娜嘉视若无睹，从她的身边飞过，穿过墙壁，然后就消失了。紧接着隔壁屋里传出尖叫声，吓得娜嘉蜷成一团从床上滚了下来。娜嘉顾不及扭伤的左脚，连滚带爬地冲到隔壁屋。没错，刚才正是卫兵队长瓜尔特的女儿，那位和自己同年的尤伊尔丹发出的尖叫。推开房门，娜嘉看到尤伊尔丹已滚落床下。娜嘉急忙冲上前，但来不及了，尤伊尔丹已经去世了。

其他的算士还有侍女长也都在当夜遇害了。一时间，城里大乱，大家都在帮忙处理这混乱局面。而碧安卡始终不见踪影。娜嘉在混乱中寻找碧安卡，不知不觉走到了城外，在森林里迷了路。

不知在森林里转了多久，终于有卫兵找到了娜嘉。一位卫兵对娜嘉说："啊，娜嘉殿下，请您节哀。没想到侍女长竟然为了自己的'恶魔事业'搭进去这么多孩子的性命。"

听完卫兵们的话，娜嘉才明白，原来算士的工作是侍女长背着王妃让女孩们做的，并不是王妃的命令。而且，算士们做的还是王妃明令禁止的事情，也就是涉及"诅咒"的事情。据说"计算"一直是梅尔辛王国严令禁止之事，一经发现必定会受到重罚。

士兵领着娜嘉到梅尔辛城礼堂拜见王妃。即使在这非常时期，王妃依旧盛装打扮。她纤细的脖颈、珍珠般的耳垂还有绢丝般的秀发上都佩戴了宝石，宝石的光芒更加衬托出了王妃的美。尽管王妃神情悲恸，但娜嘉却觉得整座梅尔辛城里只有王妃对这眼前的悲怆和恐慌无动于衷，仿若置身事外。王妃惺惺作态地走近娜嘉，有些夸张地弯下腰抱住娜嘉。娜嘉瞬间嗅到一阵香气。王妃在娜嘉的耳边，带着哭腔轻语道："娜嘉，还好你回来了，你知道我多担心你吗……"

娜嘉有些不知所措，不知该回王妃什么好。这是王妃第一次用如此言语向自己表达关切。一般孩子的话应该会十分开心，但娜嘉没有任何反应。为什么？因为紧紧抱着娜嘉的王妃全身冰冷。

娜嘉全身紧绷，但王妃并不在意，她已经开始了下一步行动。她拉着娜嘉的手走向王座。此刻，娜嘉才发现礼堂里挤满了人。王妃对礼堂里的人说：

"在场的市民们，相信你们都听说了城里发生的惨事。侍女长和数名少女均离奇遇害。她们失去了宝贵的生命，对此我十分心痛。而且，只要我一想到这次惨剧的'真相'，我的心都要碎了。"

听到王妃提起"惨剧的真相"，礼堂里的人们开始交头接耳。

"但是，我必须把真相告诉大家。整件事情的起因是侍女长强迫少女们参与'诅咒禁事'。诅咒禁事——我想大家应该都很清楚，就是'计算命运数'。"

当听到王妃说出"计算命运数"几个字时，在场的所有人大惊失色，一些妇人不禁发出悲鸣。

"侍女长谎称奉了'王妃之命'，欺骗少女们从事诅咒禁事，要她们计算别人的命运数。众所周知，没有神的旨意，我们连自己的命运数都不知道。可侍女长是用什么方法获取他人命运数，又是怎么计算命运数的呢？太可怕了，我不想知道，也不敢知道。可侍女长谎称借我之名行此可怕之事却是不争的事实，所以她受到了神罚。这就是这次事件的真相，感谢祭司们告诉我真相。对此次惨事我十分痛心。万幸我的次女娜嘉绝处逢生，幸免于难。卫兵们还在继续寻找我的长女碧安卡，既然能找到娜嘉，肯定也能找到碧安卡。"

王妃眼里噙着泪花说。很多人都被王妃伤心欲绝的样子打动了。过了一会儿，王妃抬起头，高声说道：

"我不希望再次看到这样的悲剧发生。因此，今后会更加严格地管理有关'诅咒'，也就是'计算'的事情。"

那日后，王妃在梅尔辛王国加强了对实施“计算”和学习计算知识等事情的管理，宣布破禁之人最高可获死刑。

娜嘉的姐姐碧安卡最后仍未被找到。惨剧后约三个月，城内为碧安卡举办了一场简单的葬礼。葬礼上只有一名祭司为其诵经超度，葬礼后也只是在下人的墓碑旁为碧安卡竖了一块墓碑而已。葬礼上王妃都没有露脸。

娜嘉诵唱完“神圣传说”后，在大祭司的示意下站到了大祭司的右侧。大祭司先用沾了玫瑰香味圣水的右手在娜嘉的额头画了一个驱魔三角纹，然后把手放在娜嘉的头顶，诵唱祈福的祝语。所有人都屏息注视着娜嘉的一举一动，神殿充满了紧张的气氛。下面是这场仪式中的关键环节。大祭司问娜嘉：

“何为‘祝福之数’？”

这是问答的开始。娜嘉必须要一字不差地回答出大祭司的问题。

“‘祝福之数’与‘不老神数’相似，是非常大的、强大的、没有裂痕的、不可拆分的数。”

“何为‘不老神数’？”

“所谓‘不老神数’，是借助与神圣大气交融，与‘不灭神数’相连的数。”

“那何为‘不灭神数’？”

“‘不灭神数’是可以自身轮回重生的不灭之数。”

“那凌驾不老神与不灭神的‘唯一最高神数’又为何？”

“‘唯一最高神数’即存在，是万物本源，数之女王。”

“那么，吾等人类是何数？”

“吾等人类皆是数值小且脆弱的，并有裂痕之数。”

“为何吾等人类是汝前述之数？”

“皆由人类之母，‘第一人’之罪之故。”

“此罪为何罪？”

“受‘影’唆使，贪图以人类之身承载‘不老神数’。”

“尔亦负罪者。尔可愿悔过，用善行赎‘第一人’之罪？”

娜嘉闭眼颔首，双手交叉置于胸前，向大祭司示意自己的答案。

到这一步，娜嘉已经完成了仪式中她要做的事情。尽管娜嘉仍紧闭着双眼，但她可以感受到大祭司满意地点了点头，以及周围观礼人悬着的心落下的气息。娜嘉悄悄地松了口气，总算完成了一件大事，应该没有让王妃失望吧。而且，这次自己的表现，肯定超过了王妃的预期。此时，娜嘉又想起王妃的侍女玛蒂尔德说的话。

“王妃殿下期待并关注着娜嘉殿下的每一步成长。”

娜嘉不知道王妃是否真的那样想，但是今天自己出色地完成了一件大事，多少应该令王妃感到满意吧。现在王妃会是什么表情呢？

是何表情都没关系，但娜嘉还是有一丝期待，自己今日的表现如果能令王妃有些许反应，娜嘉心里多少还是会有成就感的。

娜嘉睁开双眼，大祭司的脸映入眼帘。越过大祭司的右肩，娜嘉看到了神殿右侧的“美之女神”神像。神像前有一把华丽的座椅，那是王妃的专座。王妃喜欢坐在那里，因为“美之女神”神像的手中拿着一面大镜子，只要自己坐在那把椅子上，任何时候都可以从镜子中看到自己。今天王妃依然坐在那张椅子上。少女般纤细匀称的身材，瓷娃娃般白皙的肌肤，漂亮的红唇，光洁的面庞，玫瑰色蕾丝的面纱下闪烁着绢丝般顺滑的金发。王妃真是倾国倾城的绝代佳人啊！此刻，王妃引以为傲的“蓝眸”紧闭，似在小憩。

啊，果然如此。娜嘉为自己期待看到王妃的反应感到耻辱。王妃对自己从来都是置若罔闻。对自己的亲生女儿碧安卡，她都能说出“管那些无关紧要的人做什么”，更何况自己只是她的养女。13 岁的生日礼也好，这次的成人典礼也罢，王妃从始至终都是这种置身事外的态度。娜嘉再一次意识到，于王妃而言自己只是一个“无关紧要”的人。

不过娜嘉又想，也许在王妃看来，只有极少数的人是人，其余都是无关紧要的存在吧。

神殿上的宾客纷纷前往礼堂参加娜嘉成人典礼的贺宴，他们于王妃而言应该都是不值一提的存在。或许连坐在大厅宝座另一侧的人——梅尔辛王国的国王，王妃的丈夫——在王妃眼里也没什么存在的价值。久未露面的国王面无表情，眼神呆滞，看起来苍老了许多。可岁月并未在王妃脸上留下痕迹。这间富丽堂皇的礼堂墙壁上画着美轮美奂的“王妃肖像画”。明眼人只肖稍加留心便不难看出，国王和王妃二人早已貌合神离。虽然国王才是梅尔辛皇家血脉的正统继承人，但梅尔辛王国的实权却掌握在王妃手里。

王妃换了一件华丽的新礼裙来到礼堂。礼堂中厅是一块光线俱佳的正方形场地，四根传统典雅的大理石圆柱撑起的拱顶上镶着一块美丽的镜子，衬得礼堂愈加敞亮。王妃从大门走至礼堂中厅，绕着正方形的场地走了一圈，向大家展示自己的新衣。在场宾客无不为王妃淡蓝色的礼裙和她胸口闪闪发光的宝石项链拍手称赞。

王妃礼裙的布料是娜嘉织的。娜嘉织布技艺高超，每次王妃要制作礼裙，娜嘉都会被委以织布的重任。今天这件礼裙是用上好的绢丝采用平织和棱织两种织法织成的。随着光线变化，礼裙上会展现出大小不同的竖条纹图案，竖条纹图案的外侧是用金银白三色线绣的花束底纹。虽然娜嘉倾尽心血才织出这块布料，可王妃又怎会在意自己身上的礼裙耗费了他人多少心力呢？你看她现在身着如此华贵的礼裙，只怕脑子里还在想下个月生辰典礼上自己要穿什么样的礼服吧。

王妃坐在宝座上，享受着宾客们围绕在她周围对她的奉承和追捧。她每次参加宴席都会佩戴不同的首饰，每次佩戴的首饰都能相得益彰地衬托出她的美。在场的每一位贵妇身上都佩戴着宝石，但没有一人的宝石及得上王妃佩戴的闪亮夺目。娜嘉十分好奇，王妃到底拥有多少宝石。下人们也常常讨论王妃的宝石，甚至相关的传闻都说得有模有样。据说有个侍女想偷王妃的宝石，结果让王妃撞个正着，被当场判处死刑。从未有人去证实这个传闻的真假，但侍奉王妃的侍女的确更换得非常频繁。这么多年也只有玛蒂尔德一人一直侍奉在王妃身边。

甚至有传言说王妃拥有“恶魔之眼”，单靠眼神就可诅咒他人，所以下人们都尽量避免与王妃有眼神接触。在梅尔辛城，除王妃外的所有女性只能穿白色、黑色、蓝色或粗布原色的衣物。娜嘉和下人们一般都是在白色罩衫外加一件蓝色、黑色或粗布原色的背心和短裙，然后再系一条围裙。虽然织布和制衣处的人十分喜欢在衣服上刺绣来点缀服饰，但大部人还是不想因为过于漂亮的装饰引起王妃的注意。因为传言称漂亮的服饰会成为“恶魔之眼”的目标，甚至有人会故意避开带花纹的装饰。平日里，娜嘉也只是用白线在白色罩衫的领口和袖口，或用黑线在蓝色围裙和短裙的裙摆处绣上小小的三角花纹——锯齿纹，最多用红线在围裙下的腰带上绣点儿回形花纹。

总之，不要太引人注目。

虽然“恶魔之眼”的传说未必属实，但娜嘉深知不要引起王妃注意的重要性。虽然娜嘉并不喜欢梅尔辛城，但除了这儿，她也没地方可去。而且她也不想到其他地方去。所以她还是继续老老实实地留在梅尔辛城，想做个王妃眼中可有可无的人。她心想，听从王妃的命令，收敛自己的感情，做个“隐形人”就好。自己不就是这么一路走来的吗？那就继续这么走下去，“走完一生”吧。

不然还能做什么？

在姐姐碧安卡的葬礼上，娜嘉感到自己的人生也走到了尽头。姐姐碧安卡是这个世界上唯一疼爱自己的人，只有在碧安卡面前自己才能直言不讳。可是姐姐去世了，今后自己只能把真实的情感深藏心底。娜嘉怕自己撑不住。

宴会开始数小时后，娜嘉估摸着太阳早已下山，于是悄悄离开礼堂，蹑手蹑脚地走下台阶，穿过药草田和果园，自己和下人们休息的离院就在眼前。

夜晚的药草田安静得有些瘆人。娜嘉不知道药草田里种了什么，自己和下人们被严令禁止采摘和食用药草田里的植物，而且进入其中也是很危险的。药草田附近有间小屋，里面养着几十只黑色的大蜜蜂。这些黑色大蜜蜂常常飞到药草田上空盘旋，所以想走近药草田绝非易事。

娜嘉记得这药草田和蜂屋许多年前就有了。每隔几年会有身着异服的异国男女来蜂屋交接管理。大家说他们是“养蜂族”，不敢与他们走得太近。

四年前，玛蒂尔德接手了蜂屋和药草田的管理工作。娜嘉偶尔会看到玛蒂尔德在药草田工作的样子。只要身着黑衣的玛蒂尔德走进药草田，蜂屋里的蜜蜂就像接到“暗号”般一拥而出与药草田上空的蜜蜂飞到一起。玛蒂尔德有时用手势发出复杂的指挥信号，有时从怀中取出一些道具来操控蜜蜂们的行动。等蜜蜂们自由活动后，再发出信号指令让所有蜜蜂集合返回蜂屋。最后她会查看药草的生长情况，按需为药草施肥和浇水。

这群蜜蜂可不好惹，只要有人闯进药草田，蜜蜂大军必然群起攻之。下人们对此早已见怪不怪。虽然每次玛蒂尔德都会出面帮忙解决，但万事还是小心为好。毕竟蜜蜂是被称作“神使”的圣虫。

从梅尔辛城的宫殿回离院必定要经过药草田。娜嘉小心翼翼地穿过药草田，走进药草田后高树林立的果园中。现在应该安全了吧，娜嘉刚松了口气，就听到果园深处有人在说话。

“会是谁？这个时间谁会在这儿？”娜嘉有些疑惑。

娜嘉悄悄地踩着树影朝声音传来的方向走去，看到了三个人。借着星光，娜嘉认出其中两位是史慕斯伯爵和他的夫人，都是梅尔辛王国的重要人物。还有一位被树影遮住看不清长相。

娜嘉的直觉告诉她不能待在这里。正当她要悄悄离去时，听到史慕斯伯爵说：

“话虽如此，给次女办一场这么奢华的成人典礼，那个女人难道对子女还有母爱？”

伯爵夫人答道：“怎么可能。我看她就是想显摆，然后再展示一下她的新衣服吧。哎呀，下个月那个女人要过生日，咱们还得再来这个鬼地方吧？就为了几句客套话，折腾我们来回跑，我真是受够了！”

娜嘉这才知道原来史慕斯伯爵夫人只是看起来与王妃十分亲近。

“我明白，可是你不知道那女人有多可怕。你可知道有多少刺客想解决她，却没一个人成功。那个女人刀枪不入、百毒不侵，谁都拿她没办法。现在整个梅尔辛王国都是她的。她让我们‘来’，我们敢不来吗？”

“是啊，你说的我都懂，所以才讨厌她！话说回来，我不认为那个女人是真的爱她的次女。她的长女碧安卡不也死在她的手上吗？八年前的那场‘惨剧’不就是那个女人的杰作吗？”

听到这里，娜嘉愣住了。碧安卡？“惨剧”？王妃的杰作？

史慕斯伯爵继续说道:“啊，你说那件事啊。听说是王妃利用侍女长和少女们做了和‘诅咒’相关的事情，然后因为‘不需要’了，为了封口就把她们全解决掉了。不管怎么说，我还是觉得不太可信。”

“为什么？这不是那个女人一贯的作风吗?”

“话是没错，只是我不相信世界上真的有‘诅咒’这种事情。”

“你没看到那场惨剧发生后，和那个女人作对的人一个接一个都不在了吗？明面儿上说他们死于流行病，谁知道是真是假，我看肯定是那个女人诅咒了他们。口口声声说计算是恶魔之举，禁止别人做，其实自己偷着做呢。”

“我觉得那些人还是因为流行病死的。除了和王妃作对的人，这么多年不也一样有很多人去世吗？退一步说，就算王妃真的在诅咒他人，那也不能断定 8 年前的惨剧为王妃所为。突然不再需要侍女长和少女们这件事情本身就很离奇。而且要是想解决掉所有从事过诅咒工作的人，王妃为什么单单把次女娜嘉留了下来?”

听到史慕斯伯爵抛出一连串的问题，伯爵夫人哑口无言。他二人的对话令娜嘉心乱如麻。史慕斯伯爵继续说道:

“不管怎么说，现在我们首先要解决的是王妃的长子。虽说不可忤逆王妃，但如果我们的封地被那家伙抢去就完蛋了。让他那种披着人皮的‘怪物’继承王位，我们就是有多少条命也不够啊。喂，你应该能把他干掉吧？王子一回国，你马上动手!”

史慕斯伯爵叮嘱站在树影下的第三人。第三人双膝跪地，双手交叉于胸前向伯爵示意遵命。娜嘉听到铠甲碰撞发出的声音，第三人似乎是士兵。只听第三人低声说:

“遵命。王子不除誓不返。”

这句话令娜嘉毛骨悚然。王子是指理查德。突然，史慕斯夫人从旁说道:

“那个女人眼里只有这个长子。你们说，她看到自己心爱的长子的尸体时，会是什么表情呢？真让人期待啊。”

娜嘉突然意识到，他们是在密谋刺杀理查德。正如史慕斯伯爵所说，理查德是个极其残忍的恶人。尽管如此，当娜嘉听到他们的暗杀计划时，心中仍有些不忍。

一时间娜嘉陷入了慌乱，不知道自己该怎么做。没等她想清楚，娜嘉不小心踩到了地面上的枯枝。暗夜中，枯枝断裂发出的咔嚓一声格外刺耳。

“谁？！”

“谁在那儿？”

被发现了！娜嘉心里一惊，蜷着身体躲在树影下。

“我去看看。”

站在树影下的第三人一边低声应答，一边小心地走向娜嘉所处的位置。随着谨慎的脚步声，锵啷啷，一阵金属摩擦的声音响起，娜嘉意识到第三人拔出了腰间的佩剑。

糟糕，逃不掉了！

娜嘉吓得几乎要叫出声来。正在此时，娜嘉听到远处传来细碎的嗡嗡声，是昆虫拍打翅膀的声音。很快，这细碎的嗡嗡声越来越清晰响亮，很明显是冲着史慕斯伯爵等三人去的。

“是蜜蜂！”

原本正走向娜嘉的人转头低声提醒史慕斯伯爵夫妇注意。

“有蜜蜂！ 10只！这儿很危险，快逃！”

“可恶，这附近有蜂巢吗？”

蜜蜂的数量越来越多，它们拍打着翅膀盘旋在史慕斯伯爵等三人周围，像是在威胁他们。史慕斯伯爵夫妇吓得双腿发软，连滚带爬落荒而逃。那位第三人一边掩护史慕斯伯爵夫妇，一边朝远处逃去。看到来势汹汹的蜂群，娜嘉害怕地蜷着身体，双手掩住耳朵躲在树影下。可蜜蜂一点儿也没有想攻击娜嘉的意思。直到那三人消失在星光下，这群蜜蜂才排成一条直线从娜嘉身边飞过，飞回了药草田。娜嘉顺着这群蜜蜂消失的方向，隐约看到有人站在药草田里，并瞬间反应过来那人是谁。

“玛……蒂尔德？”

娜嘉小声地喊了出来。玛蒂尔德依旧一身黑衣，左眼蒙着白色的眼罩。娜嘉看着蜜蜂群慢慢靠近她，然后在她身后消失。刚才振聋发聩的振翅声瞬间消失，周围顿时又恢复了宁静。玛蒂尔德走到娜嘉身边，轻声问道：

“娜嘉殿下，您还好吗？”

“啊，我……”

玛蒂尔德冷若冰霜的面庞令刚才的那句关切骤然降温。娜嘉不知该说什么，所以干脆什么也不说，只是紧紧地抓着玛蒂尔德的手臂。玛蒂尔德的手臂居然很温暖，娜嘉一下子哭了出来，她感觉自己终于得救了！不过她知道现在还不是安心落意的时候，有件事还需要告诉玛蒂尔德。

“玛蒂尔德，那些人要……”

娜嘉想告诉玛蒂尔德那些人要刺杀理查德。可没等娜嘉把话说完，玛蒂尔德用一句“我知道了”打断了娜嘉。玛蒂尔德说：“娜嘉殿下听到的内容，我都听到了。请娜嘉殿下不用担心，我自会处理好。今日可否请您就当自己没来过这儿，没见到那三个人，也没碰到我，好吗？”

娜嘉点了点头。玛蒂尔德扶着全身瘫软无力的娜嘉回到离院，替她铺好床铺，并建议她更衣卧床休息。心绪未定的娜嘉看到玛蒂尔德收拾的不是自己的床铺，是碧安卡生前的床铺时，对玛蒂尔德说：“那边才是我的床铺。”娜嘉的话令玛蒂尔德大吃一惊，娜嘉知道那是她的真实反应。虽然碧安卡已经去世八年，但娜嘉把她留下的东西视若珍宝，一样也没舍弃，碧安卡的床铺还和她生前一模一样。碧安卡生前穿过的衣物都被娜嘉细心地收在了简陋的衣柜里。

玛蒂尔德催促娜嘉上床，替她盖上被子后，不知从哪端来一杯带着药草香气的水。“这杯水能助您入眠。我现在要回礼堂。请您好好休息。”玛蒂尔德冷冷地说完，转身就出了门。

果然如玛蒂尔德所说，娜嘉喝完水后慢慢睡着了。在梦里，她看到有人扶着自己在夜晚的果园里穿行。

“是玛蒂尔德吗？我是不是还和玛蒂尔德在屋外？”

娜嘉想看清身边扶着自己的人是谁。这时，那人回头冲娜嘉微微一笑。

“碧安卡？”

娜嘉从梦中惊醒，天已微亮。两行泪从娜嘉的面颊滑过。

第二章

噬数者

第二天一早，娜嘉和下人们领命前往梅尔辛城正门，欢送昨日参加仪式和贺宴的客人。清晨的阳光洒在正门前的广场上，宾客们领着自己的家人和马匹静静等待着。王妃穿着一袭浅绿色的长裙出现在众人面前，长裙上的珍珠仿若清晨的露珠般透亮。王妃简单地向大家寒暄后，说道：

“告诉大家一个好消息，今天早上，著名诗人拉姆蒂克斯来了。我们请他高歌一曲为大家送行。”

那些身份尊贵的人听到王妃的发言后，齐声欢呼看向诗人。娜嘉心里也十分期待诗人的表演。数年来，诗人每年都会定期到梅尔辛城住上一段时间。今天诗人一身简装，一袭黑色长袍外加一顶黑色的无檐帽。但这仍然遮不住他的蓬勃朝气和俊美挺拔。诗人迎着清晨的微风走上前，微风轻拂着他额前的黑发。诗人用他那双深邃的黑色眼睛望向众人，引得一片尖叫和赞叹。等到诗人开口诵唱时，所有人都为他的声音所沉醉。

诗人的声音嘹亮清澈，仿若天籁在清晨的空气中回荡。诗人诵唱的是歌颂美之女神的歌曲，但仔细听就不难发现，他明显是在歌颂王妃。传言这位诗人与王妃关系暧昧，看来应该是真的，娜嘉心想。

娜嘉看到诗人的对面是史慕斯伯爵夫妇，想到昨天傍晚果园里发生的事情，下意识打了个寒战。同时心里不断有个声音在问自己："昨天和他们一起的那个人，那个身穿铠甲的人应该也在场，他究竟是谁？"

娜嘉仔细地观察着史慕斯伯爵夫妇身边的随从。他们手里都拿着枪，腰间系着剑，但没有一人穿着铠甲。诗人一曲终了，梅尔辛城卫兵队长托莱亚高声向属下发出"开门"的指令。当所有人都看着缓缓打开的城门时，娜嘉的眼神却被托莱亚所吸引。

虽然卫兵队长托莱亚是女子，但她体型高大，并不比任何男性士兵逊色。每次见到托莱亚时她都戴着头盔，眼睛周围抹着黑粉，所以娜嘉从没清楚地见过托莱亚的模样。下人都说托莱亚在眼睛旁边抹黑粉是为了"逃避恶魔之眼"，可真正的原因没人知道。在娜嘉的印象里，托莱亚十分高大，头盔下总是绑着长长的红色头发。每次见到托莱亚，娜嘉都会被托莱亚打理得整整齐齐的卷发所吸引，因为娜嘉自己也是红色卷发，但发质格外粗硬，不好打理。

不过今天，娜嘉看到托莱亚，心里却有别的想法，因为娜嘉发现托莱亚的声音和昨晚在果园中听到的声音十分相似。

"不，这怎么可能！"

托莱亚可是王妃的忠实仆人，不可能参与理查德刺杀计划。托莱亚家族三代均效忠于梅尔辛皇室。虽然她的兄长，也就是前卫兵队长瓜尔特死于理查德之手，但她本人接替兄长承担守城之职时，也曾宣誓继续效忠王妃和理查德。

"难道她说的效忠只是'表面文章'，实际上是想寻找机会替兄长报仇？"

想到这儿，娜嘉突然感到害怕。送别会一结束，娜嘉立即离开了广场。

◇

上午的工作结束后，娜嘉来到位于梅尔辛城一隅的墓地。这里是下人们的墓地，平常鲜有人来打扫，所以墓地周围长满了细长的杂草，正好掩住了娜嘉的身影。娜嘉常常来墓地，跪在碧安卡的墓前祈祷。但是今天娜嘉满脑子都在想昨晚听到的刺杀计划，心神不宁，无法集中精神为碧安卡祈祷。

昨晚，“黑衣玛蒂尔德”让娜嘉“什么都别管”。可娜嘉还是非常焦虑——玛蒂尔德是否认出了果园中的第三人可能是托莱亚？若玛蒂尔德还不知道，自己该不该告诉她呢？不过要是自己判断错了，托莱亚就会受到本不该有的怀疑。

“我该怎么做……”

娜嘉注视着碧安卡的墓碑，像是希望碧安卡能告诉她答案。当然，墓碑不会给出答案。突然，娜嘉听到身后一阵窸窣，她回头看到一个5岁左右的女孩站在快要坍塌的旧墓碑后看着自己。

是她。

娜嘉曾在墓地见过她，只是从未说过话。娜嘉心想，她可能是城里哪个下人的孩子吧。小女孩一头软软的栗色头发，十分可爱。每次娜嘉想开口和她说话，小女孩就跑开了。

但今天不同，小女孩走近娜嘉，掏出一张小纸条递给她。

“啊？这是什么？”娜嘉问。小女孩红着脸不好意思地轻声回答：

“……别人让我给你的。”

“啊？谁让你给我的？是谁？”

娜嘉从小女孩手中接过纸条，小女孩便逃也似的跑走了，没有回答娜嘉的问题。

究竟是怎么一回事？娜嘉满脸诧异地打开叠得小小的纸条。上面写道：

> 今天傍晚太阳落山前，去果园东边。
>
> 然后顺着北边的树影走到城墙，找到城墙上被树影遮住的最下方的墙砖。然后以该墙砖为原点向右数，找到符合下述要求数的墙砖。“除去本身以外的所有约数之和大于本身的第三小数”。
>
> 取出该墙砖下的东西，收好且不要被人发现。半夜将它置于你房间的角落，从里面看看自己。

读完纸条上的内容，娜嘉愣住了。她意识到这是一封专门写给她的信，因为信里的内容只有她看得懂。可是事情越是离奇，娜嘉越是心乱如麻，因为这世上只有一个人会给自己写这样的信。

“碧安卡？不，她已经死了。可是……”

娜嘉陷入了回忆中。和碧安卡一起承担算士的工作时，只要有时间，两人就会玩“数之游戏”。通常都是碧安卡给娜嘉出题，每次碧安卡出的题目都特别有趣。

有一天，碧安卡问娜嘉：

“娜嘉，不借助石板你能算出 48×52 等于多少吗？”

娜嘉仔细想了想，摇了摇头。

“不用石板怎么算得出来啊。”

“我有方法能算出来！”

“啊……什么方法？”

“48 等于 50−2，对吧？然后 52 等于 50+2，对吗？”

“嗯。”

“50－2 乘以 50+2，等于 50×50 减去 2×2。”

“真的吗？”

“你算算，肯定对。”

“嗯……50×50 等于 2500，2×2 等于 4，2500－4 等于 2496？ 48×52 等于 2496？”

“没错，你可以验算一下。用 2496 除以 48，看看是不是等于 52。”

娜嘉用小棒在地上开始验算，用 2496 除以 48。

“答案是……52。真的啊！碧安卡，你太聪明了！”

娜嘉激动地抬起头，看到碧安卡得意扬扬地笑着。碧安卡说过，只要肯用心，再难的计算都能找到简单的计算诀窍。

当初和碧安卡做“数之游戏”时，娜嘉并不知道数的计算是王妃禁止的事情。也就是说，和碧安卡的“数之游戏”其实也是严令禁止的事情，不能被人发现。在梅尔辛王国，知道数的计算就十分危险。可见给娜嘉写这封信的人是冒了多大的风险。

“做这么危险的事情就为了告诉我这些吗？”

娜嘉想立刻找到信里说的那块砖，可惜到了下午该工作的时间。娜嘉把信揣进怀里，走向离院。

娜嘉正在为王妃织她生辰礼用的礼服布料，这也是迄今为止娜嘉织过的布料中最复杂的一块。织布时只要稍有分心，就会织错。而且织错一处，就会影响到其他地方。娜嘉紧赶慢赶，终于提前完成了今天的织布任务。接下来，娜嘉一边开始织装饰用的小布料，一边琢磨信里提到的问题。天色渐渐暗了下来。自己必须在日落前找到“除去本身以外的所有约数之和大于本身的第三小的数”。

“约数”指的就是可以整除某个数的数吧？那么解决这个问题要用到除法。

对于除法，娜嘉非常自信。虽然从之前担任算士之后，她从未在人前计算过，但要做织布工作多少都要懂点儿计算，只要是熟练的织布工必定都会心算。王妃不会织布，所以她不知道这一情况。

娜嘉一边织布一边琢磨信中的问题。

对于这个问题，她认为最好从较小的数开始找起。

首先看 1。1 只能被 1 整除。可是信中的要求是“除去自身以外的约数”，那么 1 没有符合要求的约数。“没有”的“和”怎么算呢？0？好像有点儿说不过去，即便约数之和是 0，它也比原数 1 小。所以 1 不是要找的数。

接下来看 2。在 2 的约数中，满足“除去自身以外的约数”要求的只有 1。所以 2 也不是“除去自身以外的所有约数之和大于本身的数”。同理，3 也不是。4 呢？在 4 的约数中，“除去自身以外的约数”有 1 和 2。1 加 2 等于 3，3 比 4 小，因此也不是要找的数。5 也一样。

6 很有趣。除去自身外，6 的约数有 1、2 和 3，这三个数相加后正好等于 6。也就是说 6“除了自身以外的所有约数之和”正好等于它本身。

接下来的 7 到 11 都不符合要求。12 有很多约数，除 12 外，还有 1、2、3、4 和 6。这几个数之和等于 16，比 12 大。

终于找到了第一个！

娜嘉继续按照这个思路往下找，找到了第二个符合要求的数 18。除去自身外，18 的约数还有 1、2、3、6 和 9，这几个数相加之和等于 21。接下来，满足要求的第三小的数是……

“20？”

娜嘉反复确认了多次。20“除去自身的约数”有1、2、4、5和10，相加之和为22。就是它，没错了！

“啊！”

不知不觉间，太阳快要落山了。娜嘉赶紧将手头工作收尾，赶至果园，沿着果园东端的树木找到了最北边的树。树影细长地投在城墙上。娜嘉找到被树影覆盖的最下方的墙砖。

然后以这块墙砖为起点向右数，第20块。娜嘉沿着墙壁向右走，找到了目标墙砖。它看起来和旁边的墙砖没什么不同。娜嘉用手试了试，结果发现这块墙砖是可以移动的。

娜嘉抬头看了看城墙，确认没有卫兵，娜嘉也担心身后，回头发现自己身后是一片茂盛的野草，从远处不易发觉，附近也没有人。

娜嘉取出墙砖，开始用手挖土。挖了一会儿，手突然碰到了一个硬物。娜嘉把它挖出来，看到沾满泥土的布裹着一个圆盘状的物体，大小和娜嘉的双手差不多。娜嘉掸去泥土，小心地取出里面的东西。

那是一面镜子。

这块镜子很特别，镜面光亮，可是却照不出任何东西。娜嘉不知道信的主人为何要把这面镜子交给她，她决定一切等回屋后再说。娜嘉用布重新把镜子包起来，小心地揣进怀里。娜嘉像是做了什么见不得人的事情般，心跳得飞快，急匆匆来到离院。

“娜嘉殿下！”

娜嘉正要踏进离院时，突然听到身后有人喊自己的名字，她吓得起了一身鸡皮疙瘩。娜嘉战战兢兢地回头，发现是那位年轻诗人拉姆蒂克斯在喊自己。诗人笑着对受惊的娜嘉说：

“我是不是吓着娜嘉殿下了？真不好意思！”

夕阳洒在诗人脸上，越发衬托出诗人的俊美。看到诗人对自己微笑轻语，娜嘉慌了，不知道该说什么。

“那，那个，我……”

看到娜嘉慌乱的模样，诗人反倒有些不好意思。

“听说昨天是娜嘉殿下的成人典礼，我是想和您道声喜，恭喜娜嘉殿下！”

“啊，是……”

娜嘉脑子一片空白，心里责备自己为什么不能回答得稍微得体些。不过诗人并没在意娜嘉的窘迫，而是向娜嘉表达了自己没能早一日到达梅尔辛城参加娜嘉的成人典礼，为她高歌一曲的遗憾。娜嘉觉得自己只是一个不起眼的人，长相粗鄙，她不知道诗人为何这么关心自己。娜嘉心想，是不是哪里弄错了？搞清楚这些问题前，自己得先向对方道谢。道谢该怎么说？“有您的这份心意就够了。谢谢您！”对，就这么说。

娜嘉心里已经想好该如何回复诗人，可惜没能说出口。因为她抬头时越过诗人的肩膀，看到有名女子正向这边走来——那是王妃。

王妃满脸怒气，冲着诗人尖叫：“我到处找你，你在那儿做什么！”诗人转身跪下，恭顺且平静地向王妃回话。随后，诗人回头与娜嘉告别“下次再聊”，起身朝王妃走去。王妃和诗人离去时，突然回头看了娜嘉一眼。

“糟了！”

娜嘉顿感不妙。从出生到现在，这是王妃第一次“看”自己。尽管以前自己也曾出现在王妃的视野中，但那顶多只能算是被扫视。今天是王妃第一次“看”自己。王妃的这一眼像是激发了潜藏在娜嘉内心的恐惧，令娜嘉害怕不已。

这就是传说的“恶魔之眼”？娜嘉吓得全身冷汗直冒，急忙跑回自己的小屋，蜷缩在床上。

◇

等娜嘉睁开双眼，已是深夜。下人们都睡着了，屋里十分安静。娜嘉睡了太久，错过了吃饭和夜间祈祷的时间。

坐起来后，娜嘉意识到怀里还有一个薄而坚硬的东西——那面镜子。娜嘉从怀里取出镜子仔细地端详。信里说让娜嘉在深夜将镜子置于屋内一角，然后从镜中照视自己的全身。此时已是深夜，正是做这件事情的好时机。

不过娜嘉有些犹豫。因为她想起傍晚王妃投向她的眼神，那是充满杀气的眼神。

“违逆王妃的人，一个接一个都去世了。”

娜嘉又想起昨天史慕斯伯爵夫人说的话。诅咒的传言不知是真是假，但娜嘉从王妃充满杀意的眼神中感受到了和王妃作对的下场。如果那是“恶魔之眼”，自己是不是马上就要死了？想到这里，娜嘉握着被单的手忍不住颤抖起来。

“她的长女碧安卡不也死在她的手上吗?”

娜嘉又想起史慕斯伯爵夫人说过的话，身体仿若被针扎了般，蒙着被子跳了起来。

“真……真的吗?”

虽然真相难辨，但如今想来这也不是没可能的事。自己只是和王妃喜欢的男子说了几句话，但她看向自己的眼神却“充满了杀气”。

碧安卡长得那么美。

只怕这一点就已足够招来王妃的杀意，更何况碧安卡生前被那么多人称赞“美貌胜过她母亲”。

此刻娜嘉脑子里不断涌现出那些被刻意遗忘的痛苦回忆。不，她并不是真的忘记了，她只是强迫自己假装没发生过而已。其实在她内心深处燃烧着熊熊的“愤怒之火”。

娜嘉走下床，在屋子比较隐蔽的角落支起镜子。镜子发着微光，娜嘉坐到对面，端详着镜中的自己。满头红发，皮肤暗淡无光，怎么看和美丽都挨不上边，心里有些沮丧。正在此时，她忽地被一股强大的力量吸入了镜中。

落入镜中的瞬间，娜嘉有种掉进旋涡的感觉，还好她的双脚很快落在了地面上。猛地感受到重力，娜嘉重心不稳摔了一跤。

“啊……”

娜嘉忍痛抬起头扫视了一眼，发现自己落入了一个昏暗的大石洞中。石洞的石顶很高，里面的石床坑坑洼洼的。娜嘉趴在地上朝后看，发现墙壁旁立着一块和自己屋里一模一样的小镜子。娜嘉心想，难不成自己是从那块镜子中钻出来的?

“喂!”

突然听到叫喊声，娜嘉吓得跳了起来。她寻着声音的方向望去。

“精灵!”

娜嘉惊得叫出了声，然后马上用手捂住了自己的嘴巴。她看见三个像人却不是人的身影。外形像人类的男子，但个子要比人小得多。小个子，胖身体，大脑袋，黑色的眼睛像动物一样，没有眼白。他们头发的颜色不同，有的有胡子，有的没有。他们正远远地望着娜嘉。

其中一只金发精灵朝娜嘉走来。他个子不高，至多只能到娜嘉的手肘。一对细长清秀的眼睛看起来十分聪慧，脸庞白净没有胡子。身上深紫色的衣服已些许破损，但从布料的材质和花纹依稀可以看出过去的华美。脖子上的皮绳坠着一块小小的书本形状的金属片。金发精灵低声问娜嘉：

“你是来救我们的吗？”

娜嘉听不懂他在说什么，呆呆地看着金发精灵。金发精灵再问道，“说话啊！你是不是来救我们的？”

听不懂也不知如何答的娜嘉只能摇摇头。金发精灵见状，垂下脑袋自言自语道：

“不是……”

看到金发精灵垂头丧气的模样，另一只顶着一头蓬乱黑色短发，长着熊一般面庞的精灵安慰道：

“麦姆，这是第一次有人类进入这里。就连我们现在的女主人也从没进来过，之前有位黑衣女子想进来，可最后也没成功。我看这个人应该就是我们的‘救世主’。”

说话的精灵比金发精灵高一个头，差不多能到娜嘉肩膀的位置，算得上精灵里的“大个子”吧。虽然一脸黑色的络腮胡看起来十分吓人，但说话的声音和语气却十分谦和。金发精灵——麦姆重新思考了一番后抬起头，答道：

“嗯，也是，也不是没有这种可能……”

“这个人类女子看起来还是个孩子，恐怕还没弄清楚情况。”

“唉，格义麦勒，没弄清楚情况才是最麻烦的问题。”

“可是，错过这次机会，谁知道下一次又要等到什么时候啊……”

另一个“大个子”精灵急忙插话道：

“麦姆你太保守了！格义麦勒说有‘救世主’，就一定有！退一步说，就算这个人不是，但我们说她是不就行了。就这么决定了！你就是我们的救世主！”

金发麦姆连忙反驳：

“喂，达莱特，你别胡说！你说的不算数！在你心里，格义麦勒说什么都对！”

“难道不是吗？按照格义麦勒说的去做就好了！”

达莱特个子和格义麦勒差不多，一头乱蓬蓬的红发，下巴铁青，长得像一只肥猫。虽然长相可怕，但达莱特说话的口吻却像个撒娇的孩子。达莱特是个急性子，话没说两句，直接上前和金发麦姆撕打起来。长着像熊一般面庞的格义麦勒连忙上前阻止，结果三人扭打在一起。娜嘉正看得目瞪口呆，突然身后传来雷鸣般的声音，娜嘉被吓得大惊失色。

“住手！达莱特、格义麦勒，你们为什么欺负麦姆！”

娜嘉回头一看，说话的是一位身形更加娇小的年轻精灵，没有胡子，一头金色的短发。年轻的精灵想上前拉架，却被格义麦勒一把推开。

“卡夫，我们没打架！我们只是在讨论那边那个女孩‘是不是救世主’。”

年轻的精灵听到格义麦勒的话后才意识到娜嘉的存在。年轻的精灵有一双不同于其他三位精灵的碧眼，他微笑地对娜嘉打招呼：“小姐，你好！”同时他向娜嘉伸出手，娜嘉下意识地弯腰握住年轻精灵的手。卡夫一边握住娜嘉的手用力地摇晃，一边向娜嘉介绍自己。

“我叫卡夫！小姐你叫什么名字？”

“我，我叫……娜嘉。”

“原来是娜嘉小姐！欢迎来到我们的工作间！”

“工作间？”

“没错，这里是我们干活的地方。你看，那儿是我们的‘工作台’。”

娜嘉朝着卡夫指的方向望去，看到一块比石洞地面略高的石阶，石阶上铺着一块像桌子一样的光面岩石，石阶两侧伸出的细长石柱看起来如同长椅子般。石椅上坐着一只精灵，他的头发像豪猪背上的箭刺般倒竖着，脑袋比其他四只妖精都要小，四肢细长，面无表情。

“看到那个板着脸的家伙了吗？那家伙叫扎因，不工作的时候也守着工作台，很奇怪吧？”

卡夫说完，自顾自地大笑起来。扎因瞟了卡夫一眼，什么也没说。卡夫正打算带娜嘉去其他地方参观，被站在身后的麦姆喝止了。

“喂，卡夫，够了！”

“这不挺好的嘛！娜嘉可是我们这儿的第一位客人！麦姆你别那么死脑筋嘛。”

“喂，卡夫，听我的！”

麦姆想走到卡夫和娜嘉身边，无奈被大个子的格义麦勒和达莱特押得动弹不得。不知何时三个人的战局变成了一对二的局面。卡夫不管他们，继续向娜嘉介绍：“娜嘉小姐，你看那边。那是‘分解书’。”

卡夫指着一块横向延长的石壁。石壁上贴着很多方形的纸，纸上不知写的是哪个国家的文字。

“这纸，就是‘分解书’？”

“石壁上的纸都是‘分解书’里的‘书页’。本来它们是装订齐整的一本书，但是被‘配置’到镜中时散开了。”

说着，卡夫指着扭打中的麦姆，他继续说：“你看到麦姆脖子上的那个吊坠了吗？‘分解书’原本是收在那里头的。”娜嘉早就注意到麦姆脖子上有一块书本形状的金属吊坠。可是那么小的吊坠怎么能装得下这么多“书页”呢？还没多想，娜嘉的思绪就被卡夫的声音打断。不知什么时候，卡夫已经跑到了前面。他兴奋地冲娜嘉喊：

“娜嘉，快看快看！这是第一页。”

娜嘉摇摇头，表示看不懂书页上写了什么。卡夫见状，指着书页向娜嘉解释道：

"'分解书'里记录了我们必须遵从的指令，也就是我们工作的操作流程，这一页上写的是，在'圣书'中找到主人指定的位置，并读取该位置的命运数。"

"'圣书'？"

娜嘉问卡夫："'圣书'是否就是'神圣传说'里提到的记录了人们命运数的书？"

卡夫点了点头。

"没错没错，看来你都知道嘛！你看，第二页的指令是让我们用在'圣书'中读取的命运数去除以素数表中的数。素数表……在这儿。"

卡夫一边说，一边跑到远处的石壁上寻找素数表的"书页"，然后把找到的书页指给娜嘉看。这页上的内容娜嘉能看懂，是她认识的数字——2。

"2？"娜嘉脱口而出。

"你能看懂？"卡夫又惊又喜，然后他满脸期待地指着右边的书页问娜嘉，"那这个你知道吗？"那上面写着"3"，再后面的书页上写着"5"，再往后是"7"。

"接下来是不是11、13、17？"

娜嘉这么一问，卡夫一脸惊喜，冲着麦姆喊：

"喂，麦姆！娜嘉小姐知道素数表！这个人肯定是来救我们的！"

不过麦姆仍在与格义麦勒和达莱特纠缠，没有听到卡夫的话。卡夫笑眯眯地站在一旁看着三人。娜嘉本想再问问卡夫有关"素数表"的事情，一个陌生的声音先喊了一声"喂"。娜嘉循声望去，声音是坐在工作台旁不苟言笑的扎因发出的。他还是面无表情，和卡夫对视了一眼后，看着斜上方的石顶说：

"来任务了！"

娜嘉顺着扎因的视线向上看，看到一块发光的石壁，石壁上嵌着一块可以俯视这里情况的椭圆形窗户。不，那质感不是窗户，是镜子，一面巨大且发着光的长镜子。只是镜子里并未投射出下方的动态。突然，镜面出现变化，泛起了水面般的涟漪。

卡夫敛容屏气，麦姆、格义麦勒和达莱特也停止了争吵，大家都看向镜子。待镜面水纹消失后，镜子里映出一位女子倾国倾城的容颜。她是王妃。

王妃金发微卷，发丝沿着她洁白面庞的侧边散落下来，轻轻地搭在锁骨上。王妃穿着一件黑色睡袍，大大的领口外缀着一圈细细的蕾丝，宽松的腰身和袖口上都打着复杂的褶边。或许是为了抵御夜里的寒凉，王妃在睡袍外披了一件毛皮内衬的大披肩，披肩的外缘也滚了一圈毛皮。

看到王妃出现在镜中，娜嘉下意识地蜷缩起身体，心中大喊不妙。不过卡夫紧紧拉着娜嘉的袖子，轻声说：

“放心，那个女人看不到‘这边’。”

说完，卡夫松开拉着娜嘉衣服的手，朝工作台走去。

“啊，又要‘工作’了！”

达莱特松开麦姆说道。格义麦勒也松开了押着麦姆的手，神色十分凝重。麦姆起身注视着镜子。王妃仿佛感受到了他们的注视一般，瞪大了双眼。镜子里王妃的身影慢慢散去，取而代之的是一位中年男子略显疲惫的面庞。娜嘉觉得这个中年男子十分眼熟。

“是他！”

“娜嘉小姐，你认识镜子里的人吗？”

娜嘉点点头。镜子里的人是史慕斯伯爵，暗杀理查德计划的三位主谋之一。镜子里怎么会突然出现史慕斯伯爵的样子？卡夫像是看出了娜嘉的困惑，说道：

“这就是那个女人的超能力。只要她记住她讨厌的人长什么样，就可以把那个人的样子投射到镜子里。这就是‘恶魔之眼’。”

卡夫又补充说：“任何‘诅咒’都离不开恶魔之眼。”

娜嘉不太明白卡夫的话是什么意思。突然，镜中史慕斯伯爵的脸上出现了一排字。卡夫说：

“那排字是在告诉我们那个镜中男人的命运数的所在位置。也就是‘圣书’里他命运数的位置。”

达莱特看到镜字里浮现的字，不高兴地尖声叫道：

“那家伙的‘书页’在‘圣书’的北北北西区。我不想去，‘神使’总在那儿巡逻。”

格义麦勒劝道：“可是达莱特，还是得去啊。我们没有选择的余地，只能服从。”

“唉，只能服从。那麦姆，我们去了。”

麦姆点头说“辛苦了”，然后像是忽然想起了什么，指着娜嘉对正准备出发的达莱特和格义麦勒说：

“等等，你们把她也带去吧。”

“啊……我？”

娜嘉还没来得及问为什么要带她去，麦姆先走到娜嘉面前，说：

“我不知道你是不是我们的救世主。我看你自己也不清楚。不，你在遇到我们之前根本都不认识我们，对吧？”

娜嘉困惑地点点头。麦姆继续说道：

“接下来我们要去‘工作’了，去做刚刚镜子里那个女人指派的工作。你什么都别管，仔细看就行。等你弄清楚那个女人让我们做的是什么，或许你就知道自己是什么情况了。”

格义麦勒听了连连称赞“这真是个好主意”，同时走到娜嘉面前向她伸出手邀请道：“来吧，一起走吧。”虽然格义麦勒的手比娜嘉的手要小一点儿，但是非常厚实。娜嘉有些犹豫，格义麦勒一对乌黑的眼珠看起来十分善良，娜嘉觉得他应该是个可以信任的人，可是真的能信任他吗？自己在这应该做什么呢？什么才是“正确的做法”——不，什么才是“最恰当的做法”？娜嘉还没想清楚。突然，有一只手抓住了娜嘉的右手，是达莱特。“没时间啦，快点走！格义麦勒你赶紧抓住她另一只手！”

听到达莱特的话，格义麦勒立马抓住了娜嘉的左手。突然，他二人双脚离地悬浮在空中，娜嘉吓了一跳，定睛一看原来达莱特和格义麦勒的背上分别长出了一对透明的翅膀，正在有节奏地扇动着。

“要……要飞吗？”

“别怕，我们会抓紧你的。”

事已至此，娜嘉也只能相信格义麦勒的话了。虽然有心理准备，但娜嘉在双脚离地的瞬间还是发出了“啊”的尖叫声。好在格义麦勒和达莱特并未受到影响，他们带着娜嘉直接飞向房屋一角，然后突然直降。原来房屋的这个角落里有一个巨大的洞口。格义麦勒和达莱特带着娜嘉迅速落入洞里。娜嘉从来没有以这样的速度下降过，所以被吓得大气都不敢喘。还好下降的速度很快慢了下来，一条昏暗的通道出现在大家的眼前。

格义麦勒和达莱特拉着娜嘉沿着这条通道飞去。通道很长，中间还遇到了好几个岔口。虽然他们飞得很快，但通道里黑魆魆的，让人看不见终点在哪。也不知他们飞了多久，远处终于有了一丝亮光。那是一扇青黑色的金属大门。看到大门后，格义麦勒和达莱特开始减速。

“那是‘后门’。”

飞到门前，达莱特小心地把耳朵贴到门上，像是在探听另一边的动静。然后他小心地推开了门。

就在达莱特推开门的瞬间，娜嘉顿时感到眼前一亮，紧接着一阵疾风扑面而来，吹得娜嘉连连后退。幸好格义麦勒和达莱特紧紧拉住了娜嘉的双手，只可怜娜嘉被风吹得直不起腰。风渐渐停了下来，娜嘉战战兢兢地睁开双眼，眼前的景象令她瞠目结舌。

眼前是一个只有蓝色的地界，深不见底且一望无际。

“啊……”

没等娜嘉叫出声，身旁的格义麦勒和达莱特同时用各自空着的手捂住了娜嘉的嘴巴。达莱特面色凝重地对娜嘉小声说：

“不要喊！被发现就惨了！”

“被发现？”

“这里有人巡逻。你看那边。”

娜嘉顺着格义麦勒手指的方向看去，看到远处有一群发光的东西在飞，好像是某种昆虫。

“那些是神使，也就是‘神蜂’。若是被它们发现就没命了。所以请记住，不管发生什么事情，一定不能大喊大叫。”

听完格义麦勒的话，娜嘉立刻把嘴巴闭得紧紧的，点了点头。

“那我们继续吧！”

达莱特和格义麦勒拉着娜嘉飞入蓝色空间，一会儿朝着右前方飞，一会儿沿着左前方飞。娜嘉慢慢意识到达莱特和格义麦勒是在寻找蓝色空间浓雾背后的某件东西。飞了一会儿，娜嘉看到浓雾后露出一些金色的光。

“纺锤？”

发光的是一个形似纺锤的物体，中间大两头小。因为浓雾掩住了物体的两头，所以在娜嘉看来那就是一枚浮在空中的纺锤。随着距离越来越近，娜嘉发现这枚“纺锤”简直大得吓人。眼前这件纺锤状的东西至少有两座山那么大，就像是拉来了两座山，然后把它们底对底贴起来了。不，或许比两座山还要大。远远望去，“纺锤”表面上有很多凹凸不平的小花纹。走到近处娜嘉才发现那些并不是花纹，而是贴在“纺锤”表面的无数张金色的“纸”。格义麦勒小声对娜嘉说：

“这就是‘圣书’。”

于是娜嘉想到“神圣传说”中的一句话。

“神明在宇宙中心‘圣书’中专门留出位置，记录‘第一人’幻化人形的‘祝福之数’。”

眼前就是那本记录了所有人命运数的“圣书”。格义麦勒和达莱特压低声音讨论着。

“目标‘书页’应该在那边。达莱特，有什么异常吗？”

“没问题，神蜂不在。咱们速去速回吧。”

话音刚落，格义麦勒和达莱特拉着娜嘉绕着“圣书”外围加速飞转。不一会儿，他们减缓飞行速度，停在了一张书页前。格义麦勒翻转书页，数字 78260 赫然映入眼帘。

“就是这个！娜嘉，你听好了，接下来格义麦勒要抽取它的‘复写页’，请你松开拉着他的左手。你放心，有我在，不会让你掉下去的。”

娜嘉小心翼翼地松开拉着格义麦勒的左手的同时，也感到达莱特拉着自己的右手更紧了。达莱特的手虽然不大，但十分有力。格义麦勒两手抓住书页拼命向外扯，可书页却一动不动。达莱特见状急忙伸出一只手去帮忙，终于把书页扯了下来。因受到了力的反作用力，格义麦勒和达莱特拉着书页的身体连连后仰。娜嘉也险些掉下去，紧紧拉着达莱特的右手。格义麦勒一边卷着好不容易扯出的金色书页，一边说：

“真不容易啊。总算拿到了‘复写页’。咱们赶紧回去吧！”

“复写页？你们不是把书页撕下来了吗？”

“我们撕下来的是‘复写页’。瞧，真正的书页不还是在墙上吗？”

娜嘉朝墙上一看，果然如此。“圣书”依旧完好无损。格义麦勒和达莱特拉着娜嘉飞速离开现场。身后的“圣书”越来越小，一望无际的蓝色空间出现了一个小黑点，是他们刚才通过的后门。穿过后门，向右飞，向左飞，经过数条岔道后加速向上直飞。向上飞的速度太快，娜嘉觉得自己的身体都被拉长了。突然，速度慢了下来，娜嘉抬头发现上方有一个洞口。格义麦勒对娜嘉说：

“娜嘉小姐，出去后我们会把你放下来。但是接下来我们要工作了，不能再和你说话，所以请你在旁边看着我们‘工作’，不要和我们说话，也不要和我们有接触。”

娜嘉点了点头。于是，达莱特说：“走吧！”洞口外面就是精灵们的工作间。格义麦勒和达莱特轻轻地把娜嘉放在地面上。娜嘉本想向他二人道谢，但最后还是没有说出口。这并不是因为格义麦勒刚刚的嘱咐，而是因为娜嘉看到格义麦勒和达莱特都紧闭着双眼，就像睡着了般。

他们在干什么？娜嘉的心里充满了疑问。

此时，麦姆正站在贴满“分解书”的石壁前用娜嘉听不懂的语言和格义麦勒说着什么。紧接着麦姆也闭上了双眼。接收了信息的格义麦勒仍旧闭着眼拿着“复写页”走向卡夫和扎因守着的“工作台”。达莱特从墙壁上揭下一页“书页”后也朝工作台走去。当然，达莱特也是闭着眼睛的。

为避免影响大家工作，娜嘉轻轻地走到工作台旁。她看到麦姆正在用她听不懂的语言给大家分配任务，扎因也投入到了工作中。娜嘉伸长脖子看向工作台，发现扎因紧闭着双眼正在那张写着 78260 的“圣书复写页”上忙活。扎因用一张其他的纸覆在复写页上。这张“其他的纸”上写着 2。随后复写页上的 78260 变成了 39130。

娜嘉意识到，这是在做除法，而且是“除以 2”。

卡夫闭着眼坐在扎因对面，他把手覆在自己面前的白纸上，白纸上浮现出了“2”。卡夫把这张纸递给了达莱特。于是达莱特拿着这张纸走回到石壁前。扎因再次把写着“2”的纸覆在写有 39130 的纸上，39130 又发生了变化，变成了 19565。娜嘉心想：“又被 2 整除了。”此时卡夫面前的纸上又出现了“2”，达莱特又把它拿走了。

扎因接着把“2”放在 19565 上，这次没有发生变化。扎因把写着“2”的纸放到一旁，伸手去拿格义麦勒新送来的纸，那上面写着“3”。扎因把纸覆在写着 19565 的纸上，还是没有变化。扎因对面的卡夫以及旁边的达莱特都没有说话，继续默默地等着。扎因把写着“3”的纸放到一边，拿起格义麦勒新送来的写着“5”的纸覆在 19565 的纸上。这时，19565 变成了 3913。卡夫在手中的纸上记下“5”后，把记录纸交给了达莱特。

娜嘉发现，这工作和“算士”做的事情一样。

没错。格义麦勒接连给扎因送去的纸上分别写着 2、3、5，接下来的一张是 7。也就是说，这些纸上写的都是“元素之数”。扎因用从“圣书”中读取的数一个接一个地去除以这些“元素之数”，如果能够被整除，卡夫会记录下此时作为除数的“元素之数”，然后交给达莱特。一定是麦姆在远处按照“分解书”里的步骤指挥着大家的工作。

娜嘉把视线投向达莱特，跟着达莱特走到石壁前，只见他把从卡夫手里拿到的数贴到墙壁空白的“书页”上。上面已经贴上了“2”“2”“5”，后面跟着要贴“7”和“13”。贴完后，达莱特走回到卡夫身边，好一会儿都没回来。等达莱特再次回到石壁时，手中拿着的已经是“43”了。

此时，麦姆像是给出了一个与前面不一样的简短指令。达莱特像是在回应指令，立刻把刚贴到墙壁上写着“2”“2”“5”“7”“13”“43”的纸片全部撕了下来，然后拿着这些纸朝石顶的镜子飞去。随即镜中史慕斯伯爵的脸上浮现出“2”“2”“5”“7”“13”“43”这 6 个数字。等达莱特重新回到地面，所有的精灵都睁开了双眼，大大地松了口气。

“太好了，工作结束！”达莱特大声喊道。

“达莱特，发结束信号不是你的任务！”麦姆颇有些不悦。

“有什么关系，反正我已经说过了。”

“不行！每个人都有自己的职责，不按照要求行事，最后倒霉的还是我们自己。”格义麦勒提醒道。

达莱特只能接受，因为他觉得“必须要听格义麦勒的话”。麦姆重新向所有精灵发出结束信号：

“大家注意，工作结束！”

接到麦姆的结束指令后，达莱特和格义麦勒立刻躺倒在地板上。卡夫趴在工作台上开始睡觉。只有扎因笔直地坐在石椅上，双眼紧闭像是在冥想。此时，史慕斯伯爵的面庞逐渐从镜中消散，王妃重新出现在镜子里。不过王妃像是被施了定身术般一动不动。不久，镜中的王妃突然重新开始活动，吓了娜嘉一跳。麦姆忙安抚娜嘉说：

“别害怕。那个女人看不到我们这边。我们工作时，外面的时间是静止的。所以从那个女人对我们发号施令开始，一直到我们完成工作，外面的时间都是停止的状态。等到我们工作结束，外面的时间才会重新开始运动，那个女人才能动。”

娜嘉看到镜子里王妃正对着镜子记录着什么，于是和麦姆说：

“我……做过和你们一样的工作。”

“你做过这种工作？怎么回事？”

娜嘉解释道，8 年前她曾奉命做过和精灵们同样的工作，即“反复做除法”。先以 2 为除数开始做除法，直到被除数无法被 2 整除后再依序更换为 3、5、7 等作为新除数继续计算。听罢，麦姆说道：

“这样啊，原来你也被安排做过‘分解’工作。也是那个女人让你做的‘命运数分解’吧？可是没有‘圣书’就无法获取真正的命运数，没有真正的命运数，你做的工作又有何意义呢？毕竟可以直接查阅‘圣书’的只有我们花刺子模族的精灵啊。”

“什么？你说的命运数分解是？”

“你听说过命运数吧？精灵、人类，包括神明，世间万物的本原都是数，每一个生命都被赐予了独特的数。换句话说，我们精灵和你们人类的背后都是某些数，而‘分解’指的是解析特定命运数由哪些素数构成。”

“素数是指‘元素之数’吗？”

“没错。你们人类是那样称呼素数的。”麦姆接着向娜嘉解释道，“世上所有的数都可以表示为若干个素数相乘的形式，即素数的乘积。所谓‘命运数分解’就是解析命运数的构成素数的工作。”

“解析？只是解析吗？”

娜嘉以为，既然叫分解，就是要“尽量拆解命运数”，所以这种工作应该属于“诅咒”。可是娜嘉的这一想法遭到了麦姆的严厉否定：

“‘分解’工作和诅咒没有关系。分解命运数是我们花刺子模精灵十分神圣的‘计算手续’。可惜诅咒也要用到命运数分解。唉，还是早点儿让你亲眼看看吧。”

麦姆说完向娜嘉伸出了手。

“抓紧我的手。我带你去看看那个女人是如何使用我们的工作成果的。”

“在这里的人的眼中，‘恶魔之眼’就等于诅咒吧？实际上诅咒要比这复杂得多。‘恶魔之眼’其实只能圈定诅咒的目标对象，是诅咒的必要条件，但仅是这一条也无法实施诅咒。只有对诅咒对象释放“捕食兽”，即‘恶灵’才算是完成了诅咒。”

麦姆一边解释一边抓着娜嘉的手朝上方的镜子飞去。

“恶灵是什么？”

“恶灵有很多种，有的厉害，有的不那么厉害。若想向诅咒对象释放厉害的恶灵，‘珍稀的药材、准确的信息还有健康的施咒人’这三个条件缺一不可。”

麦姆带着娜嘉飞到椭圆形的大镜子前。镜子中能看到王妃的侧脸，她正在仔细研究手中的羊皮纸。羊皮纸上写着刚刚格义麦勒和达莱特传递出去的数列信息——2、2、5、7、13、43。王妃看后叹了口气，说道：

“真没意思。那个男人身居高位，命运数竟然如此贫乏。‘宝石’……只有一颗，‘尖刀’却有两把。白白浪费我一次诅咒！”

宝石？尖刀？娜嘉一脸不解地看着麦姆。麦姆用手势示意“稍后再解释”，催促娜嘉仔细观察王妃接下来的举动。

娜嘉看到王妃朝屋子右侧的小矮桌走去。小矮桌下摆着许多带着幽光的圆壶，圆壶外扎着一圈一圈像小蛇一样的编绳，给人一种强烈的束缚感。王妃拿起一只圆壶放在小矮桌上。

小矮桌上原本也摆放着许多样式各异的瓶罐，样子十分精美。里面有一只雕刻精细的方形银盒，上面刻着一只栩栩如生的蜥蜴，周围是一圈逼真的火焰花纹，中间有一颗褐色的宝石。桌上还有一只形似海螺的蓝绿色玻璃罐，罐顶的形状就像一只腾空而起的鱼。剩下的大多是红色的椭圆形陶器，光滑的外表搭配鎏金花网纹样。麦姆向娜嘉介绍道：

“那只银盒里装的是千年火蜥蜴化石粉末，蓝绿色玻璃罐里装的是从地下绿柱石层中汲取的千年积水精华，装在红色陶器里的是带有金色斑纹的血玉髓。全都是十分珍稀的材料，王妃积攒了许多。”

王妃小心翼翼地分别从容器中取出一些材料放进一只通体乌黑的

壶中。

“王妃是要用那些东西召唤‘恶灵’吗？”

“是的。那个女人现在想召唤灵力最强的诅咒恶灵。我们精灵族管它叫‘噬数灵’。”

“噬数灵……”

“也就是吞噬他人‘数’的恶灵。精灵和人类一样，都是由两个身体组成。一个是肉眼可见的‘肉体’，一个是由命运数构成的‘数体’。噬数灵吞噬的是‘数体’。”

“如果数体被吃掉，会是怎样的结果？”

“那个人会死去。肉体和数体是相辅相成的关系，其中一方受损，另一方必定也会受到伤害。”

听到麦姆的话，娜嘉突然攥紧了拳头。王妃想召唤噬数灵吗？是要召唤噬数灵去杀人吗？可是……为什么她还是若无其事的样子？

镜子那边的王妃转身打开壁柜，壁柜里分门别类地摆满了朴素的药瓶。王妃拿起一只药瓶仔细地看了看，把药瓶夹在腋下，然后又拿起一只新的药瓶，她看起来十分开心。最终，王妃从壁柜中取出五只药瓶摆放到旁边的工作台上。她打开其中一只药瓶，用小汤匙从里面盛出一点儿倒入黑壶中。镜子里传来王妃哼唱曲子的声音。

王妃的这些行为，看起来就像在做菜。

“那个女人在往壶里加‘素数蜂毒’。”

“你说的素数蜂是蜜蜂吗？”

“是的。素数蜂的繁殖周期是不同的，有的素数蜂生长速度很快，每两天就可繁殖一次，有的则需要 3 天、5 天或者 7 天，等等。想召唤‘噬数灵’，必须要用到素数蜂的蜂毒。”

娜嘉心里一惊——素数蜂…… 难道就是养在药草田旁边蜂屋里的那群蜜蜂吗？

“这次诅咒对象的命运数的‘分解结果’是2、2、5、7、13、43。所以需要在壶里加入繁殖周期是2天的素数蜂毒2杯，繁殖周期为5天、7天、13天、43天的素数蜂毒各1杯。下面……”

等王妃把所需素数蜂毒全部倒进去后，黑壶开始小幅度地晃动。紧箍在壶身外的蛇形细绳被黑壶内部散发出的力量一根根撑断，发出“呲呲”的撕裂声。等到最后一根细绳被撑断掉落时，有东西从壶中飞了出来。

“那就是噬数灵。”

当娜嘉看到噬数灵时，瞬间冷汗直冒，吓得起了一身鸡皮疙瘩，全身止不住地颤抖。原来从壶中飞出来的是形似蜥蜴的庞然大物，身体是半透明的灰色，脑袋、下巴和背上有着发光的金色斑点。这不就是自己在“惨剧”当夜见到的怪物吗？

“喂，你还好吗？”

麦姆关切地问。娜嘉害怕得说不出话。她深吸了一口气，希望能平复下自己的心情。正在这时，半透明的“噬数灵”直接穿墙而过，消失在了镜子里。娜嘉急忙问麦姆：

“它，它……是要去寻找被诅咒的对象吗？”

“是的，刚才那个女人命令它去寻找‘镜中男子’，吞噬他的‘数’后返回。仔细看！施咒成功的话，它很快就会回来。”

确如麦姆所说，噬数灵不到几分钟就回来了。

“……看来施咒成功了。那个男人死了。”

娜嘉不敢相信麦姆的话。如此看来，八年前杀害算士们的凶手肯定是噬数灵。可是只要记住“诅咒对象”的样子就能行凶，这也太可怕了。

王妃忽然神色大变，直眉怒目地盯着飞回来的噬数灵。噬数灵绕着王妃飞速旋转。王妃双手掩面：

“啊！”

随后王妃的手背上出现了两道像是被利刃划伤的小伤口。此时，噬数灵忽然调转方向，飞回到了黑壶中。黑壶“咯嗒咯嗒”地作响，之后重新归于平静。王妃松开掩面的双手，仔细看着手背上的小伤口。

“那伤口是施咒的代价。因为诅咒对象的‘数’中包含尖刀，噬数灵吞噬‘数’后会携尖刀返回，而且施咒人无法避免尖刀的反噬。”

“尖刀是指……”

“有些数代表尖刀。5、13、17、29都代表着尖刀，当然后面也有代表尖刀的大数。如果诅咒对象的命运数中包含代表尖刀的数，那么施咒者就必须承受相应的反噬。唉，诅咒也是有代价的。”

王妃不满地看了看手上的伤，走到墙边摇了摇挂在墙上的摇铃。铃声一响，立刻有人快步走进屋子。

那个人是玛蒂尔德。

尽管夜已深，可玛蒂尔德依旧神清气朗。她还穿着白天的一袭黑色长袍，黑发整齐地盘在脑后，左眼上还是盖着眼罩。王妃气急败坏地冲玛蒂尔德喊：

“5和13，快！”

玛蒂尔德一边小声回答“遵命”，一边走向屋外。不到一分钟，玛蒂尔德拿着一只小碗和一把小刷子回来了。王妃急不可耐地把手伸向玛蒂尔德。玛蒂尔德先用小刷子在碗里蘸了蘸，然后轻轻地抹在了王妃的伤口上。紧接着，伤口开始一点点地愈合。

“愈合了……”

“她用的是斐波那草制的草药，大名鼎鼎的万能药。”

难不成王妃就是这样一边疗伤一边诅咒他人的吗？一看到伤口愈合，王妃便不耐烦地扬手示意玛蒂尔德出去。玛蒂尔德向王妃恭敬地行了个礼，然后飞速离开了王妃的寝宫。

屋里只剩下王妃一人，她转身重新拿起黑壶向外倒了倒。娜嘉看到壶中倒出的东西，觉得十分眼熟，那是王妃日常佩戴的宝石。那宝石约小指指甲盖大，散发着耀眼夺目的光。

“那就是宝石。”

“宝石，就是刚才王妃说的……”

前面王妃的确说了“仅有一颗”。

“刚才‘命运数的分解结果’中包含 7 吧。如果诅咒对象的命运数中包含 7，那么噬数灵在吞噬他的命运数后会带宝石回来。除了 7，3、31、127 都是代表宝石的数。只是 3 代表的宝石只有胡椒粒那么大，31 代表的宝石和葡萄差不多大。要是 127 的话，那就相当大了。”

娜嘉在心里想，这些数自己也知道。可麦姆接下来说的话却令娜嘉瞠目结舌。

“那个女人这么大肆随意诅咒他人就是为了收集这些宝石。”

“什么？她诅咒的不是敌人吗？”

史慕斯伯爵会成为王妃这次的诅咒对象，难道不是因为王妃知道了他想暗杀自己爱子理查德的计划吗？为了保护爱子，阻挠史慕斯伯爵的暗杀计划，王妃才会咒杀史慕斯伯爵吧。娜嘉向麦姆表达了自己的上述想法后，麦姆摇摇头说：

“有时候那个女人也会用这个方法诅咒敌人。刚刚那个男人可能恰巧做了惹恼那个女人的事情，但这并不能说明问题，那个女人诅咒他人的主要目的就是获取宝石。我们被囚禁此处多年，那个女人每晚都要诅咒几个甚至几十个人。难道她有这么多敌人吗？我不相信。”

“宝石有那么好吗？”

“据说宝石有令人长生不老的功效。”

“长生不老……”

娜嘉望着镜中的王妃，王妃正出神地欣赏着自己刚得到的宝石。

娜嘉攥紧了拳头。如果麦姆说的是真的，王妃肯定还会继续诅咒他人。难道自己只能眼睁睁地看着这一切发生吗？

“我……能做些什么？”

“只要你救出我们，我们就不用听那个女人的命令了。”

“请你告诉我，我该怎么做！”

“首先你得想办法带我们走出那扇门。”

麦姆拉起娜嘉的手飞向石洞的顶部。上面有一扇锈迹斑斑的对开门，门上写着一排数字——4899999991。

“由于某种原因我们从这扇门进到这里。本来工作结束后是可以离开的，但是那个女人趁我们在里面工作的时候，使用卑劣的手段将‘镜子’据为己有。因此我们变成了她的奴隶，而且能够开启那扇大门的‘钥匙’也找不到了。”

“钥匙在哪儿？”

“说是钥匙，其实是两个数，即‘除 1 外，能够整除门上之数的两个数’，这两个数正好也是我和卡夫的命运数。换句话说，门上的 4899999991 是我的命运数和卡夫命运数的乘积。只要用手在右边门上写我的命运数，左边门上写卡夫的命运数，就能开启大门。”

“既然知道方法，为什么无法开启大门？”

“因为我们已经记不得自己的命运数是多少了。被迫向那个女人俯首称臣后，有关开启大门的记忆全部被删除了。所以希望你能帮我们找到能够整除门上之数的两个数。”

“你们不是会‘计算’吗？自己没找到吗？”

“因为在这里我们只能按照她的吩咐做计算，违令者死，心算也不行。如果我们做了命令之外的计算，这间屋子的管理者‘镜虫’就会出现并追杀我们。哪怕逃过了镜虫的追杀，要是被管理‘圣书’的神使发现了，我们也会被诛杀。就算能侥幸躲过神使的诛杀，我们依旧会被囚禁在这里，最终得病而亡。因为没有外面世界的纯粹之气——‘万数之母’孕育出的神圣大气的滋养，我们的身体会一天比一天差。”

麦姆看着坐在工作台旁边的卡夫，心急如焚地对娜嘉说：

“求你帮帮我们！我们已经没有多少时间了！”

娜嘉很想帮助麦姆，可是自己能找到“钥匙”——麦姆和卡夫的命运数吗？就经验来看，那么大的数肯定有很多除数。可究竟哪两个才是麦姆和卡夫的命运数？听完娜嘉的担忧，麦姆答道：

“我们精灵的命运数都是大素数，即‘祝福之数’。也就是说，我和卡夫的命运数只能‘被 1 和自身整除’。”

“那就是‘素数表’里的数吧？”

“对，只要找到一个可以整除 4899999991 的数，另一个数也就迎刃而解了。我的命运数比卡夫的大一点儿。我们因为被囚禁在这里，所以也不能对门上的数进行计算。但是你可以……只有你能帮我们了！”

麦姆拼命哀求的样子令娜嘉于心不忍。麦姆抓住娜嘉的手臂说：

“只要你找到了我和卡夫的命运数，请你务必马上带着你的镜子离开梅尔辛城！”

“啊？离开梅尔辛城？”

“是的。带着你的镜子离梅尔辛城越远越好。你的镜子是‘通信镜’，可以用来传递信息，对我们精灵而言它还是穿梭镜中世界和外面世界的出入口。简单来说，就是我们可以通过你的镜子去外面的世界。”

“按你的说法，你们现在就可以从我的镜子里出去了呀……”

“不行。我们必须先走出那扇‘门’，从那个女人的手中夺回自由之身，然后再离开这个镜中世界。所以请你能离梅尔辛城多远就去多远。”

娜嘉一脸茫然。她在心里想，这么困难的事情，自己能做到吗？

“还有一件事情。”

“啊，还有？”

“是的。请你出城的时候，尽量多带一些‘斐波那草’。”

“斐波那草就是你前面说到的‘万能药’吗？”

“对，梅尔辛城里应该种植了大量的斐波那草。你刚刚也看到了，那个女人就是用它治疗伤口的。就是那位黑衣女子拿的东西。”

黑衣女子是玛蒂尔德。

“总之，斐波那草越多越好，最好能把整座梅尔辛城的斐波那草都带上。”

“可是我根本不知道哪里有斐波那草，更别说要准备那么多。”

“你认识那位黑衣女子吧。去问她。”

“问玛蒂尔德？为什么？”

娜嘉问麦姆时，忽然感到身后有一股强烈的吸力在拽自己。麦姆失落地咂了咂嘴：

“嘁，这么快！”

娜嘉回头看到洞穴墙壁边的小镜子正闪着光，那是娜嘉自己的镜子。镜子里似乎有种魔力在拉着娜嘉的身体一点点靠近，娜嘉看到麦姆和精灵们离自己越来越远。

“喂！请你不要忘记我的话！求你救救我们！你是我们最后的希望……”

没等麦姆说完，娜嘉就被吸进了镜子里。娜嘉先感到自己坠入了水中，然后发现自己已经掉落在离屋的石床上，冰冷坚硬的石床硌得娜嘉后背一阵痛。娜嘉定了定神后起身，喘着粗气看着镜子。镜子里什么都看不到。

第二天，娜嘉一脸憔悴地醒来。昨夜她身心俱疲地进入梦乡，梦里光怪陆离的事情接踵而至。只是没有一个及得上自己在镜中的奇遇。

“或许镜子里的也是一场梦？”

娜嘉多希望所有都是梦。她还清楚地记得那个精灵——麦姆拜托她的事情。可自己不可能做得到啊。如果一切都是梦该多好，精灵们是梦，王妃的“诅咒”也是梦。

娜嘉头皮发麻地走向纺织屋。一进屋，娜嘉看到下人们都放着手中的活儿，在窃窃私语。

“怎么了？”娜嘉问。

一位年长的纺织工答道：

“娜嘉殿下，您听说了吗？史慕斯伯爵和夫人昨晚突然身亡。”

“什么！”

“大家也是刚刚听说，太不可思议了。据说他们的尸体是在返回属地路上的一家寄宿僧院中被发现的。”

第三章
女战士与侍女

史慕斯伯爵夫妇都死了。

“他们肯定是死于‘诅咒’。”

没错，昨天看到的不是梦。

昨天，麦姆说王妃是为了“宝石”才诅咒他人。但史慕斯伯爵夫妇会被咒杀应该是因为他们打算暗杀理查德。

“玛蒂尔德。一定是玛蒂尔德向王妃透露了史慕斯伯爵夫妇的计划。”

所以赶在暗杀计划实施前，王妃先下了手。昨晚王妃应该是先咒杀了史慕斯伯爵，再咒杀了他的夫人。

“要是这样的话，剩下的那个人呢?”

那天晚上果园里除了史慕斯伯爵夫妇外，还有一个人。那个人估计也没逃过王妃的咒杀，王妃怎么可能容忍企图暗杀理查德的人活着呢。娜嘉对纺织屋里的下人们说：

“不好意思，我有些不舒服。我先回屋里休息一下。”

这是下人们第一次听到娜嘉告假。迄今为止，无论身体多不舒服，娜嘉也从未因私人原因搁置过工作。所以当大家听到娜嘉的话时，都吓了一跳，娜嘉殿下一定非常难受吧。于是大家纷纷让娜嘉赶紧回屋休息。眼下正是准备王妃生辰典礼的关键时期，娜嘉心里因为自己的告假充满了歉意，但眼下有更重要的事。回屋后，娜嘉立马从桌洞里取出石板和白色的粉笔，钻到床上的被单里，在石板上写下一个数——4899999991。

娜嘉知道这是一项十分艰巨的工作，但自己只能放手一搏，因为王妃的恶行不可饶恕。虽然自己没有信心一定能完成麦姆拜托的所有事情，但至少得尝试一下可能做到的事情——找找能够帮助他们夺回自由之身的大门“钥匙”，即找到麦姆和卡夫的命运数。

“总之，先从最小的‘元素之数’开始算起吧。”

很明显，4899999991 无法被 2 整除，也无法被 3 和 5 整除，那么能被 7 整除吗？

那一天，娜嘉在屋里用白色粉笔和石板一直算到了太阳下山。

接下来几天，娜嘉不休不眠，抓紧一切时间做计算。可是几天过去了，她仍未找到“可以整除 4899999991 的数”。而且随着“备选整除数”越来越大，出现了新的问题，譬如娜嘉已无法确定“备选整除数”是否为“元素之数”，也就是素数。

虽然她可以从小到大背出前面的 30 个素数——小于 127 的素数，但对 127 之后的数，她并不十分清楚哪些是素数。因此得先花工夫弄清楚 127 之后哪个数是素数。

最后娜嘉决定采取更高效的做法，不把时间花在调查“备选整除数”是否为素数的问题上。她将大于 127 的疑似素数全部列为“备选数”，一个一个去除 4899999991。

可是这种做法依旧没有取得实质性的进展。随着“备选整除数”逐渐增大，除法计算也变得越来越难。娜嘉开始怀疑自己，“我是不是算错了”“或许可以被刚才的数整除”，等等。于是重复计算，又浪费了不少时间。

娜嘉开始焦虑——照现在的进度，何时才能找到答案？是不是有什么诀窍呢？

有时娜嘉会把“镜子”放在屋子的角落里盯着看，希望能在镜子里看到自己，可是总是事与愿违。她也曾尝试和镜子说话，但镜子始终没有反应，也听不到精灵们的回应。

几天又过去了。虽然娜嘉已经尝试使用 2143 以下的所有疑似素数做运算，但仍没有找到目标“整除数”。日子一天天过去了。突然有一天，娜嘉听到一个令人头疼的消息，王妃的长子——王子理查德回城了。他回来得比预期要早，据说受伤了。

听下人们说，理查德在厄尔多大公国和哈尔里昂王国的国境附近遭到敌人伏击，右手负了伤。理查德担心敌人会趁自己受伤难以自保之时追杀自己，所以临时决定秘密回国，连王妃都不知道他回国的路线和时间。听说王妃看到理查德的伤口时十分揪心，命令所有祭司和侍女前去照看理查德。

下人们私下里议论纷纷：“虽然王子殿下受了伤很可怜，但他不能用剑了可算得上是件好事。”想到至今有那么多下人和卫兵因理查德的肆意妄为受伤或惨死，大家有这样的想法不足为奇。娜嘉也在心里祈求，希望今后不要再遇到理查德。

不过理查德的突然回国让下人们变得更加忙碌。看到手中的活儿越来越多，自己没有时间继续计算，娜嘉更是心急如焚。

“今天她会来吗？”

麦姆翘首期盼着。他当然是在等那位“疑似救世主的人类少女”——娜嘉。正如“另一位女子”说的，真的有人可以进入镜中世界。而那位进入镜中世界的人就是麦姆他们的全部希望。麦姆知道有时候希望反而会扰人心智，所以他时刻警醒自己要保持冷静。可是一想到眼下已是火烧眉毛的情况，哪里还能坐得住。已经等了好几天，可都没看到娜嘉现身。麦姆已是如坐针毡，芒刺在背——那个小姑娘不会被王妃杀了吧？不，不会的，一定是计算我和卡夫的命运数需要时间。

麦姆想如果上次能清楚地把这边的处境告诉娜嘉就好了。可是那个小姑娘什么都不懂，自己只是抓紧时间给她普及了一些基础知识。要是还能见面，一定要提醒她没时间了。

没时间了。

麦姆走到工作台边，看着睡在工作台旁的卡夫。卡夫起床的时候还是精神抖擞，笑容满面，可现在睡着后却面若死灰，形同亡人。他恐怕快不行了。都是因为那位王妃强行将他们幽禁在这石洞里。

“不，是我的错。”

麦姆和卡夫是堂兄弟。虽然从某种意义上来说，花刺子模族的精灵都是亲戚，但麦姆和卡夫两人的感情较旁人更加亲密。卡夫从幼时起就喜欢粘着麦姆。麦姆和卡夫年龄相差大，性格也不同，麦姆做事小心谨慎，卡夫却喜欢闹腾。麦姆常常被卡夫缠得头疼，明明还是个孩子，却希望被当成一个成年人对待。无论麦姆去哪里做什么，卡夫总是寸步不离地跟着。久而久之，带着卡夫，在卡夫需要帮助的时候挺身而出都变成了麦姆的责任。麦姆也在不知不觉中扮演起卡夫保护者的角色。即便卡夫长大后成了和自己一样的神官，依旧经常给自己惹麻烦。

“不管怎么说，把卡夫那小子卷进这场风波，是我的失职。”

虽然卡夫已经睡着，但他依旧紧锁着眉头，嘴里低声呻吟着。卡夫一定很难受吧。可自己什么都做不了。麦姆咬着下唇，双手攥得紧紧的。

“别想不开，麦姆。”

坐在工作台对面的扎因的话把麦姆拉回到现实中。

“醒了啊，扎因。你还是改不了这个习惯，喜欢坐着睡。”

“刚醒。麦姆，你刚刚是不是在想都是因为自己，卡夫才变成这样的。”

被看穿心思的麦姆没有说话。扎因继续说：

“你是我们之中最优秀的神官。所以大家包括加迪王都非常尊重你的判断，卡夫也是。责任不在你。一切都是因为那个女人从一开始就打算欺骗我们。”

“……虽然你说的都是实话，但现在我们什么都做不了。”

麦姆看着睡梦中面色苍白的卡夫，痛苦地说。扎因轻轻叹了口气：

“唉，是啊。我说这番话的目的是想让你放宽心，不要一直苛责自己。你责怪自己把‘堂弟’卷入了这场灾难。可你换个角度想想，在这样的苦境中还能与最亲的人在一起未尝不是件好事。格义麦勒和达莱特不也是‘堂兄弟’吗？而且，我……”

扎因是精灵国国王加迪的双胞胎弟弟，与哥哥加迪的感情十分深厚。所以扎因心里该多担心远在故乡的哥哥啊。麦姆十分理解扎因此刻的心情，于是努力佯装轻松打趣地说：

“唉，有个像卡夫这么折腾的亲戚，烦死了。”

扎因听到麦姆的话后笑了笑：

“真的吗？可我看卡夫缠着你的时候，你好像更开心呢。”

“开什么玩笑！你平常基本不说话，难得说一次还尽说胡话。”

“彼此彼此。说句心里话，我想回家，回我们的‘花刺子模森林’。我们大家要一起活着回去，一起去见加迪。”

在麦姆和其他精灵的心里，加迪不仅是一位值得尊敬的精灵国国王，也是大家不可替代的朋友。或许加迪想到自己的神官受困也会很伤心吧。

“……是啊。我们要一起回去见国王。”

正在麦姆说话时，墙壁上出现了一个亮点。麦姆满心期待以为娜嘉要来了，但事与愿违，是往常的椭圆形大镜子亮了，镜子里的人是王妃。

这次王妃没有立刻向精灵们发出工作指令，而是对着桌上的黑壶准备召唤噬数灵。这么多年来，王妃每天都会召唤几只噬数灵去攻击某位特定对象。她像是已经掌握了对方的命运数构成，从未让精灵们帮她做“分解计算”。只是受此命被派出去的噬数灵一直都是有去无回。

一般说来，噬数灵有去无回有两种原因。其一，目标对象距离过远。其二，目标对象已因其他情况身亡。但王妃似乎并不这么认为。麦姆心想，或许王妃的这个攻击目标是个抗咒能力很强的人。

王妃看到派出去的噬数灵又是有去无回，深深地叹了口气。这时，儿子理查德突然走进屋里。听到声音，王妃回头看向理查德。她已经有好几年没见过儿子了，理查德看起来比之前更加强壮了，没变的是那张和王妃如同一个模子里刻出来的脸。

儿子负伤的消息令王妃十分担心。和理查德简单说了几句后，王妃让他站到镜子前，说：“你仔细地回忆一下那个企图杀死你的男人长什么样子，然后认真地看镜子。”理查德虽然心里不乐意，但还是按照王妃说的做了。

麦姆看到镜子中王妃和理查德的身影渐渐消失，取而代之出现了一个棕黑肤色的男子的脸。虽然此刻镜中已看不见王妃和理查德的样子，但麦姆还能听到他们二人的谈话。那个女人向儿子确认：“是这家伙吗？没错吧？”

“理查德，你听好了。你同我一样，都拥有‘恶魔之眼’的超能力。今后你若想除掉谁，就睁大眼睛看清楚他的模样。只要你记清了对方的样子，‘镜子’就能获取对方的信息。接下来母妃我就可以诅咒他，替你铲除这个人。听到你受伤了，你不知道母妃我有多担心……”

母亲的嘘寒问暖换来的却是儿子的置若罔闻。正在王妃准备诅咒材料的时候，麦姆听到了这样的对话。

“我来，让我来。”

“不行，下面的事情只有母妃我能做。”

“不，我要亲手解决他。”

“不行。”

几番僵持后，理查德大发雷霆。

“你这是在阻拦我吗？我讨厌你，我要用‘恶魔之眼’干掉你！”

王妃连忙柔声细语安慰理查德：

“别乱说话。母妃不怕诅咒，母妃的‘命运数’和‘第一人’一样，是‘祝福之数’，是‘不可分割的大素数’，是不同于他们那些人类的命运数。所以诅咒对母妃没有用，哪怕对方能力再强，也别想轻易伤到我。”

“那我的数呢？和母妃不一样吗？”

“很可惜，你的命运数和母妃不同，只是一个普通人类的命运数。”

听到王妃的话，理查德愤愤不平。王妃连连安慰道：“没事没事，不论你的敌人是谁，母妃都会助你一臂之力。”正在这时，镜面上浮现出诅咒对象命运数的所在位置，即在“圣书”中的具体位置。看到镜子上的字，麦姆心里埋怨，又要开始讨厌的工作了，今天得“分解”几个人的命运数呢？关键是卡夫能不能撑得住啊。这时，镜子里又传来理查德的声音。

“母妃，我还要干掉她。”

王妃示意理查德说出对方的名字，没想到理查德的目标竟是“那个女卫兵队长”。

“那个女人我哪哪都看不顺眼。我早就想好这次回来一定要干掉她，可恨我受伤了，没法亲自动手……”

听到理查德的话，不知为何王妃没有立刻答应，反而是想打消他的念头。可能那位卫兵队长是对王妃有利的人，所以王妃不想失去她吧。但是理查德却不依不饶，僵持之下最终还是王妃让了步。王妃叹了口气说道：

“真是拗不过你。用这种方式解决托莱亚太危险了，要干掉她得让别人去。”

深夜，卫兵在哨所向卫兵队长托莱亚汇报“城内外均无异常”，巡逻士兵全员按时交替值班。托莱亚带着两个部下在做最后一次绕城巡查。经过果园附近时，她感到背后有人在监视自己。她意识到，对方的目标应该是自己。

于是托莱亚把部下打发走，自己站在原地等着对方现身。虽然今天是个月圆夜，但此刻的月亮却被乌云遮得严严实实。托莱亚身经百战，即便现在她看不见对方，但敏锐的直觉告诉她敌人就在身边。也许是看到只剩下托莱亚一人了，藏在暗处的人从树影中走了出来。

“果然是你，黑衣玛蒂尔德。”托莱亚说道。

虽然对方的个子比自己小得多，但托莱亚知道面对此人绝不能掉以轻心。

“你是来干掉我的吗？”

玛蒂尔德没有回答。不过在托莱亚看来，玛蒂尔德的沉默更加坐实了自己的猜想——王妃并不打算亲自动手，所以派她来。

看来王妃已经知道了托莱亚命运数的“特性”，不然怎么会派别人来呢？只是这对于托莱亚而言并不是个好消息。既然想不出王妃不亲自动手的其他理由，还不如专心对付眼前的玛蒂尔德。于是，托莱亚拔出佩剑。

黑衣玛蒂尔德使用的武器，从某种意义上来说，应该属于远程武器，而且还不是一般的远程武器。因为玛蒂尔德使用的是受其意念操控的“蜜蜂”。几天前，托莱亚目睹了蜂群的威力。就是在王妃养女娜嘉成人典礼的那天晚上，在这片果树林中。

托莱亚在心中盘算，自己一边要躲避蜜蜂群的攻击，一边还要击杀对手，着实不易，所以想取胜只有先出手。于是，托莱亚用力握紧了手中的剑。正当托莱亚准备向玛蒂尔德发起进攻时，玛蒂尔德抢先说道：“托莱亚，你别误会。我不是来杀你的。”

托莱亚愣住了，本打算迈向玛蒂尔德的脚反而向后退了一步。

“你说什么？”

“我不是来杀你的。我有些话想和你说。时间不多，我就直接说了。希望你放弃暗杀理查德王子的计划。”

“什么？”

“那天你和史慕斯伯爵夫妇在果园讨论暗杀理查德的计划我都听到了。你应该也听说了，史慕斯伯爵夫妇已魂归西天。但你并不打算就此退缩，仍想找机会继续你的暗杀计划，对吗？”

没错，托莱亚正是那样想的。托莱亚知道玛蒂尔德前几天听到了自己和史慕斯伯爵夫妇谋划的暗杀计划。所以当听到史慕斯伯爵夫妇的死讯时，托莱亚非常肯定是玛蒂尔德把伯爵夫妇与自己的暗杀计划透露给了王妃，所以现在王妃派她来杀自己了。可是玛蒂尔德又说不是来杀自己的，这到底是什么意思？

“玛蒂尔德，大家都知道你是王妃的忠仆。你来这儿不杀我又是为了什么？”

“不，我没有告诉王妃你也参与了暗杀计划。”

“什么？”

“我只告诉王妃史慕斯伯爵夫妇在密谋暗杀王子，她不知道当天你也在场。”

托莱亚越听越糊涂：

“为什么？为什么你没向王妃报告？三人中真正要去刺杀王子的人肯定是我。我才是那个最危险的人，你为什么……”

“因为即使我和王妃说你也参与了暗杀计划，王妃也没法‘诅咒’你，‘杀不了你’，那么我说与不说又有什么分别？”

托莱亚愣住了。没想到连眼前的这个女人都这么“了解”自己。

“托莱亚，你们龙蒿家族是战士世家。我听说龙蒿家族中有的人的命运数里暗藏着巨大的‘尖刀’，你肯定就是这样的命运数。噬数灵的咒杀对于你们这种命运数的人来说没有太大的作用。更何况王妃还没做好咒杀你的准备。”

“你怎么知道这么多？”

“你别忘了都是谁在帮王妃收集素数蜂毒。每天照看蜜蜂，从它们身上萃取毒液的人是我。你的命运数的分解数中肯定有超过四位数的大数吧？能够分泌出这么大毒性蜂毒的素数蜂本就少之又少，想找到就更难了。目前王妃手里还没有蜜蜂能分泌出可以毒杀三位数以上数的蜂毒。虽然你希望王妃能亲自动手‘诅咒’你，但实际上王妃还‘做不到’。”

托莱亚眉头紧锁，为什么这家伙什么都知道，连我希望“王妃诅咒我”都知道。没等托莱亚问出口，玛蒂尔德接着说：

“看过记录的人都知道，无论谁采用何种方法杀死了龙蒿家族的人，下手的人很快也会死去，而且会死得非常难看。‘动龙蒿者必诛’，这就是你们龙蒿家族决绝的做事风格吧？”

“……”

一时间，托莱亚不知该说什么好，同时她也十分绝望。对手竟然把自己的情况摸得这么清楚，自己怕是无法达成“目标”了。

其实托莱亚早就发现了王妃的诅咒。因为她经常在夜晚值班巡查，好几次都看到了噬数灵飞出城。虽然有夜色做掩护，一般人很难察觉到噬数灵的存在，但托莱亚身经百战，任何东西都逃不过她的眼睛。最终托莱亚查明自己看到的是用于诅咒的恶灵，而且它们都来自王妃的寝殿。从而她更加确信自己的侄女，也就是兄长瓜尔特的女儿尤伊尔丹是死于王妃的咒杀。于是，她和兄长瓜尔特联手寻找可以抵制王妃恶行的方法。不幸的是，3 年前由于王子理查德的偷袭，兄长也去世了。

自己的侄女被王妃咒杀，王子又卑劣地杀害了自己的兄长，自己怎么可能不想为他们报仇！但是比起报仇，托莱亚更在意未来。要想保护自己的部下、城里的下人们还有梅尔辛王国的国民，一定不能再让王妃和王子肆意妄为。

“擒贼先擒王，目标是解决掉王妃。为此，要让她恨我入骨让她来杀我，我才能要了她的命。所以我别无选择，只能对她的儿子下手……”

没等托莱亚说完，玛蒂尔德声色俱厉地说道：

“不可以！刺杀理查德王子，就是陷娜嘉殿下于危险之中！理查德王子死了，王妃也不会让娜嘉殿下活命。”

“王妃会杀娜嘉殿下？王子的死和娜嘉殿下有什么关系？”

“因为……”

玛蒂尔德平静地解释，尽管玛蒂尔德的语气中只流露出一丝愤怒，但托莱亚却能感受到话语下深藏的怒火。托莱亚听完，心里不由得更加憎恨王妃，心疼娜嘉。

“这……这太难以相信了。”

怎么会有这样的事情？托莱亚气得浑身发抖。忽然，她想起一件事，急忙向玛蒂尔德确认：

“难道……8 年前算士们惨死，只有娜嘉殿下一人活下来，也是因为‘那个原因’？”

玛蒂尔德点了点头。

“是的，托莱亚。只要理查德王子没死，娜嘉殿下就不会有危险。但要是王子死了，娜嘉殿下也就活不了多久了。所以你一定不能刺杀王子，至少在把娜嘉殿下转移到安全的地方之前。”

“把娜嘉殿下转移到安全的地方？”

“是的。这正是我今天来找你的原因，我需要你的帮助。”

玛蒂尔德向托莱亚说明了近期打算帮助娜嘉逃离梅尔辛城的计划，并透露娜嘉正在帮助解救被王妃囚禁进而沦为其诅咒工具的精灵。

“王妃要计算他人命运数的分解数，必须使用花刺子模精灵的魔法镜——‘演算镜’。如今娜嘉殿下奉了神意，正在帮助解救被困其中的精灵们。”

“娜嘉殿下要做这么危险的事？”

虽然王妃的养女娜嘉聪慧机敏，可她毕竟还是个孩子。

“我当然知道这是一件十分危险的事情。所以我们才要保护她，在适当的时候帮她离开梅尔辛城。在她离开前，我们绝不能让王妃起了杀念。”

托莱亚想，眼前的玛蒂尔德似乎已经掌握了所有的信息，而且看起来像是自己的伙伴。但作为一名身经百战的战士，托莱亚不禁疑问：

眼前的这个人是否真的可以信任？

“黑衣玛蒂尔德，你到底是什么人？”

4年前，玛蒂尔德初来梅尔辛城，就作为王妃的忠仆，一直跟在王妃身边从旁协助王妃的诅咒事宜。可如今竟然要帮助和王妃作对的自己，还让自己保护娜嘉。她究竟是什么人？在托莱亚犀利的目光中，玛蒂尔德缓缓地从树林间走到草坪上，摘下左眼罩。这时，天上的乌云渐渐散开，露出了皎洁的满月，月光洒在玛蒂尔德的身上。托莱亚看到披着月光的玛蒂尔德变身成了另一个人。

“你……你是！”

突然，一片乌云飘来遮住了月亮。“那个人”随着月光消失了。她重新戴上眼罩，变回了那个托莱亚认识的玛蒂尔德。托莱亚不敢相信自己的眼睛，一时间呆住了。这到底是怎么回事？在托莱亚想清楚前，她的身体先做出了反应，托莱亚跪在玛蒂尔德面前俯首痛哭。等情绪稍稍平稳了些，托莱亚抬起满是泪痕的脸，坚定地说：

“好的，我知道了。后面我不会再想着暗杀理查德王子，我听您的，娜嘉殿下就交给我吧。以后有什么指令，您只管吩咐！”

理查德回城后的第三天。这天，娜嘉正在屋里帮理查德绣一件带帽长袍。这件长袍是王妃为了向神明祈福，祝愿理查德早日康复而让下人们赶制的。这件长袍选用了象征着自然恢复力的绿色，由绢、毛混纺的柔软丝线织成，衣身袖口宽大舒适。娜嘉的任务是，用银线在长袍上用十字绣法绣出一棵生命树。做成后，不管在阳光下还是月夜中，这件长袍肯定都会光彩夺目。娜嘉做事利索，照她的速度今天就可以把这件长袍绣完。但她不想那么早完成这项工作，因为继续“计算”远比给理查德绣长袍重要得多。

娜嘉小心地把为理查德准备的长袍叠好放入衣柜中。当她看到衣柜中碧安卡的衣服时，觉得正在绣的长袍更适合碧安卡，金发碧眼的碧安卡穿上这件长袍一定很美。可惜碧安卡已经死了。娜嘉转身拿出石板和白色粉笔。

每天的计算令娜嘉的计算速度飞速提升，但是她仍未找到4899999991的整除数。到傍晚，她已尝试到了3533，但是仍无法整除。究竟还要多久才能找到答案……娜嘉茫然地看向窗外，夕阳中，一片药草田映入眼帘。娜嘉突然想起麦姆提到的“斐波那草”。

“这些草该不会就是麦姆说的‘斐波那草’吧？”

娜嘉起身走向药草田。她警觉地环视了一圈，没有发现守卫的蜜蜂群。于是她猫着身子钻进田里，仔细地端详起身边的药草。

这是她第一次这么认真地观察田里的药草。叶子自下而上有规律地附在茎上。叶片锯齿状的边缘摸上去竟然十分柔软。药草的顶端开了5朵盐粒般大小的黄花，黄色的花瓣中还泛着点儿红。不但这株如此，身旁的其他药草上也都只有5朵花。

娜嘉站起身环视了一圈，发现药草田被分成了许多小块，一块药草田的边长大约只有娜嘉的肩膀那么宽。每块药草田中央都竖着一块写有编号的木板，里面分别种着不同的药草。娜嘉现在所处的方格编号是“F5”，左边一块药草田的编号是“F4”。F4的药草花头数比F5少，每株上只有3朵。F4左侧是F3，F3里每株的药草花头数是2。再过去是F2，里面每株的药草花头数只有1。

“难道是按照药草的花头数来划分药草田的吗？”

可是在最左侧的F1中，每株药草也都是一朵花。娜嘉从左依次向右看，发现每格药草田中的药草花头数呈1、1、2、3、5，逐渐增长。娜嘉看向右侧的F6药草田，发现里面每株药草上都结了8朵花。F6右侧的 F7 是 13 朵。而且越是靠右的药草田，里面的药草花头数越多。

“花头数的递增代表什么？”

“你眼前的药草是用你左边两块田里的药草杂交出来的。”

听到背后突然传来的说话声，娜嘉吓了一跳。她哆哆嗦嗦地回头，看到王妃喜爱的诗人拉姆蒂克斯站在自己身后。

“你什么时候……来的？”

娜嘉竟完全没感觉到有人靠近自己。诗人看着面露怯色的娜嘉说：

“是娜嘉殿下看得太入神了。”

诗人真挚的脸庞让人感受不到一丝恶意，但娜嘉仍不敢放松警惕。或许诗人并未注意到娜嘉的异常，继续说道：

“你看 F7 里的药草都是 13 朵花吧，它是左边 F6 和 F5 的药草杂交出来的。杂交出的药草花头数是原来两种药草花头数之和。”

娜嘉小心地听诗人介绍。倘若诗人说的是真的，那么 F3 的药草是 F1 和 F2 的药草杂交而来。因为 F1 和 F2 的药草均为 1 朵花，所以 F3 的药草是 2 朵花。F4 是 F2 和 F3 杂交所得，所以花头数是 F2 的 1 朵加上 F3 的 2 朵，等于 3 朵。同理，F5 的药草花头数是 2 加 3，等于 5。1，1，2，3，5，8，13……如此看来，诗人没有骗人。

“这种药草真可谓是大自然的奇特造物。你看它的花头数都是自然界里十分寻常的数，还有很多植物的花瓣数啦，果实里种子的数量啦，不胜枚举。或许这就是它能成为万能草药的一个原因吧。”

万能草药。莫非这就是自己一直在找的药草吗？娜嘉决定问问诗人。

“这种草药叫……”

“斐波那草。它和卢卡斯草长得很像，不同之处在于……”

诗人自顾自地说着。但娜嘉已经满脑子都是麦姆他们的身影，诗人后面的话她根本没有听进去。这就是斐波那草，是麦姆让找的药草。

麦姆说越多越好，可是……

娜嘉在心里想："这么多药草，我一个人不可能都带走。"娜嘉想得头晕目眩，脚下有些趔趄，不小心被一个土坑绊了一下。

"危险！"

快要倒地时，诗人伸手扶住了娜嘉。娜嘉站定后，连忙惊慌失措地把诗人的手推开。

"没事吧？"

听到诗人关切的问候，娜嘉才反应过来，多亏了诗人自己才没摔倒，于是赶紧向诗人道歉：

"……不好意思。"

"没关系。"

诗人笑着说。夕阳下，诗人的面庞愈发显得英俊。娜嘉有些不好意思，同时心里响起一个声音提醒自己危险。

"如果和上次一样被王妃看到怎么办？"

想到这儿，娜嘉急忙向诗人告辞：

"那个，我，回屋啦。"

"为什么这么急？"

诗人尽力挽留娜嘉，像是想与她好好聊聊。娜嘉心里有些欢喜，有些羞涩，还有些害怕，一时间不知如何是好。慌乱间，娜嘉脱口而出：

"这个，那个……可王妃殿下。"

"王妃殿下？您的母妃怎么了？"

"我，我怕她。"

娜嘉不知道也不敢想象自己说这句话时是什么表情。不过诗人仍笑着说：

"王妃殿下是您的母妃呀，哪有女儿怕妈妈的呀。"

“可……”

“虽然王妃殿下每天日理万机，但她心里一定十分挂念娜嘉殿下。王妃殿下曾和我说过，她之所以把女儿也就是娜嘉殿下您安置在离屋，是因为王宫里危机四伏。”

娜嘉吃惊地望着诗人。诗人说的是真话吗？娜嘉半信半疑地继续听着。

“大家都误会王妃殿下了。我知道街头巷尾都在传王妃殿下会诅咒什么的，可您想想那种事情怎么可能呢？反正我是从来都不相信有诅咒这种东西的存在。”

“可是，史慕斯伯爵夫妇已经……”

没等娜嘉说完，诗人神色悲痛打断了她的话：

“您是说史慕斯伯爵夫妇啊。昨天，史慕斯伯爵夫妇返程时借宿僧院的僧人被抓了。听说是僧人在史慕斯伯爵夫妇的食盒中下了毒。”

“你说的是真的吗？”

“真的。要是王妃殿下知道连娜嘉殿下都不相信自己，该多么痛心啊。”

远处寝殿里突然传来号角声提醒晚餐时间到了。诗人不舍地向娜嘉辞别“我得走了”，然后笑笑走了。娜嘉立在原地，心里犹如乱麻。

娜嘉不知道自己到底该相信谁的话，她回到屋里继续计算，但是进展却不尽如人意。她不知道自己是累了，还是被诗人的话扰乱了心绪。

夜幕缓缓降临，屋外突然传来喧闹声。

“怎么了？发生了什么事？”

娜嘉透过窗户向外看，看到数名士兵正朝这边赶来。

“娜嘉殿下！娜嘉殿下在吗？”

娜嘉急忙走到离屋门口。认出娜嘉的卫兵着急地说：

“娜嘉殿下，王妃殿下召您进宫。”

“怎么了？是有什么事吗？”

“那个……理查德王子……被人……杀了。”

“啊！”

“王妃殿下命我们赶紧带娜嘉殿下去神殿，王妃现在需要您。请殿下和我们一起走吧。”

由于事出突然，娜嘉还处于惊恐中，一时间找不到拒绝的理由，只能随着卫兵们去神殿。

卫兵们推开神殿的大木门。神殿里十分昏暗，娜嘉看不清里面的状况，只听到王妃的声音从祭坛的位置传来。

“辛苦了。除娜嘉外，所有人都退到神殿外守候。”

“是！”

卫兵们全部退出了神殿。

“娜嘉，到这儿来。”

娜嘉看不清王妃在哪儿，只能顺着王妃的声音走去。终于在神殿深处的壁画和祭坛前隐约看到了王妃的身影。王妃扑过来，紧紧地抱住娜嘉。

“啊，娜嘉！理查德遭恶人杀害，我的心都要碎了！还好这个时候有你在，不然我可怎么办啊……”

说着，泪水划过王妃的脸庞。娜嘉不敢相信自己刚刚听到了什么，但王妃的话却是那么真挚滚烫。王妃现在是打心眼里庆幸有自己这个“女儿”在。娜嘉十分纠结，是不是自己之前错怪了王妃？麦姆他们让自己看到的会不会是虚假的幻象？就像诗人所说，王妃根本不会诅咒？

但王妃接着说：

“因为有你在，理查德就能起死回生。还好我收了你做‘女儿’。”

“什么？”

究竟怎么回事？娜嘉还没来得及细想，王妃就松开了抱着娜嘉的手，向旁边的祭司们示意开始行动。祭司们接到指令，冲上前按住娜嘉的胳膊，捂住她的嘴巴。王妃说：

“娜嘉，现在我要把你的命运数转给理查德。你的命运数是124155，它的约数之和正好是理查德的命运数。把你的命运数转给理查德，他就能起死回生了。怎么样？虽然马上就要死了，但在死前能助我一臂之力，你是不是感到很荣幸？毕竟……”

听了王妃之后的话，娜嘉放弃了挣扎。

“毕竟，这就是让你活着的意义。”

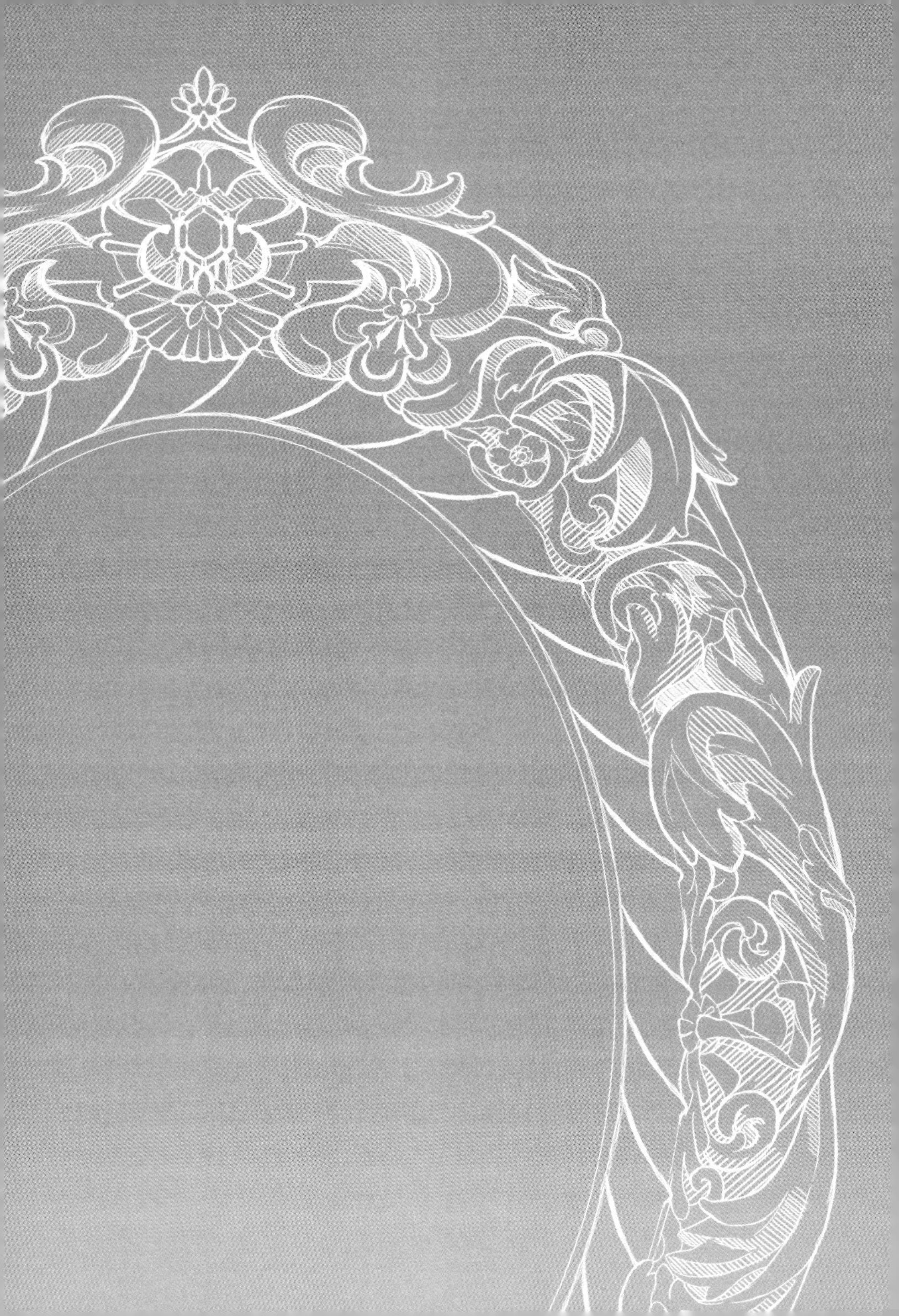

第四章

外面的世界

听到理查德王子的死讯，卫兵队长托莱亚不敢相信，她问前来汇报的卫兵：

“真的吗？”

“真的。”

“谁干的？”

“是……”卫兵似乎有些难以启齿，非常为难地答道，“是国王身边的两名侍卫。现在已经被抓起来了。”

卫兵说出了他们的名字，他们都是与托莱亚相识之人。

“他们为什么要……”

“可能是……国王亲命吧。”

“什么？”

据卫兵汇报，几天前国王和他的情人已秘密离开了梅尔辛城，并在厄尔多大公国的帮助下进入了其领域。国王是想借邻国的帮助废除理查德的王子之位，把梅尔辛王国的王位传给自己情人的肚子里的孩子。

“什么？”

国王被自己的妻子——王妃架空了这么多年，终于出手反击了。

托莱亚心想，原来盼着理查德王子死的人不止自己一个人。

几天前，托莱亚才改变主意选择听从“黑衣玛蒂尔德”的建议，放弃暗杀王子的计划，没想到除了自己还有人在虎视眈眈地盯着王子。王子的死完全超出了托莱亚的预料，但战场上瞬息万变，一切皆有可能。托莱亚意识到眼下有一件事情正等着自己去做。

“娜嘉殿下！快去保护娜嘉殿下。”

“为什么保护娜嘉殿下？娜嘉殿下已经被人带走了。王妃派人把娜嘉殿下带到神殿去了。”

托莱亚顿时脸色煞白。看来王妃要对娜嘉殿下使用“邪术”了。托莱亚意识到自己必须马上阻止王妃。想到这件事的后续发展，托莱亚决定不把下属卷进这场危险的风波。于是她只身一人离开哨所奔向神殿。

“王妃为了救儿子会牺牲养女的命，她会这种‘邪术’。”

前几天玛蒂尔德向自己提到了王妃的恐怖计划，说理查德和娜嘉的命运数紧密相关。

“娜嘉殿下的命运数是124155，理查德王子的是100485。娜嘉殿下的命运数的约数中，除其本身外还有1、3、5、9、15、31、45、89、93、155、267、279、445、465、801、1335、1395、2759、4005、8277、13795、24831、41385。把这些约数全部加起来正好就是理查德殿下的命运数。”

玛蒂尔德还说，这种情况反过来也成立，即理查德殿下命运数的除其本身外的所有约数之和，也正好等于娜嘉殿下的命运数。

所以当两者中有一方丧命，即可通过他们命运数的特殊关联性来拯救对方。简单来说就是一方死亡后的规定时间内，用某种特定方法杀死另一方，通过另一方的鲜血“收集并转移命运数的约数”，就可以“恢复”死者的命运数，从而让死者复生。

也就是说，在王妃眼里，娜嘉殿下活着……只是以备不时之需，是理查德王子遭遇不幸时的“命运数替身”。

太可怕了。托莱亚不敢相信世间竟有这样惨绝人寰的事情，不由得心疼起娜嘉。

托莱亚一边奔向神殿，一边在心里想——自己身上流的是龙蒿家族的血，不管是什么人用什么方法杀了自己，龙蒿家族的血都会化作“反噬尖刀”要了杀手的性命。托莱亚多希望王妃或王子亲自来杀自己。只是现在已不是想这些的时候，眼下最紧要的就是救出可怜的娜嘉。

“托莱亚！”

听到有人叫自己，托莱亚停了下来，发现玛蒂尔德站在前面。

“叫我干什么？得抓紧时间去救娜嘉殿下！”

“我知道。不过你现在不要去神殿，还有别的事需要你去做。”

“我不去神殿？谁去救娜嘉殿下？”

“别担心。你只要做好护送娜嘉殿下出城的准备就好。”

神殿中，祭坛的两侧各摆放着一副透明水晶棺。左边装着娜嘉，右边是理查德。王妃和祭司们正围着理查德的水晶棺讨论着什么，娜嘉并不关心。她直挺挺地躺在水晶棺中，看着神殿的天花板。

“这就是让你活着的意义。”娜嘉脑海中不断响起王妃的话。

虽然之前王妃的各种言行都透露出自己于她只是一个毫无价值的人，但是在今天王妃亲口对自己说出那些话前，自己心里多少还是抱有一丝“是自己想错了”的希望。可能王妃只是表面冷淡，但心里还是想着自己的。不然王妃怎么会收自己做养女呢？

但是，王妃刚刚亲口说出了收养娜嘉的“原因”。听到王妃的话，娜嘉并不感到难过，也不感到孤单。只是……身体像是被掏空了一样，没有力气。自己已经没有了活下去的力气。

娜嘉无力地笑了笑，觉得自己真傻。隔着水晶棺，娜嘉听到王妃和祭司们的说话声。

"还没好？快点！"

"可是准备还没……"

"快点儿给我复活理查德！不然……"

"请您放心，只要理查德殿下在水晶棺中，这几天都会保持最初的状态。我们只要在这几天里进行'血液收集'，就能让王子殿下复生。"

"你们还真敢说！我得马上去处理那该死的国王丈夫！在我离开这里前，你们不把我的理查德复活，叫我怎么去专心收拾那个家伙！"

"可是，准备需要时间……"

王妃一心想复活理查德，完全听不进祭司们的解释。而且祭司们越是解释，王妃越是怒不可遏。王妃气急败坏地把祭司们狠狠训斥了一顿，要求他们必须在自己得胜返回前复活理查德，如果自己回来见不到活的理查德就要拿全体祭司们的性命陪葬。说完，王妃带着近身侍卫夺门而出。祭司们一个个噤若寒蝉，目送王妃离去。神殿大门关上后，祭司们急忙开始准备。

这才是那个人的真面目。

很明显，王妃也没把祭司们当"人"，只是"工具"而已。这和娜嘉在王妃眼里只是"数"一样，没有区别。

突然，娜嘉心中涌出一股热流流至全身。那是被她长期压抑的情感。

"我受够了！"

过往种种在娜嘉脑海中一一闪过。那个无视碧安卡受伤，一心护着理查德的王妃。那个欺瞒他人，咒杀了无数人的王妃。那些奉命成为“算士”的女孩们，那个被她利用的侍女长……还有碧安卡，她们一定都是王妃杀的。还有那些被迫为她的诅咒工作，如今已是命在旦夕的精灵们。

“拜托了。”

娜嘉想到金发麦姆着急的脸，心中充满了内疚。最后自己还是没能为他们做点儿什么，连麦姆和卡夫的命运数也没找出来。

“或许再多给我一点儿时间我就能找到了。”

4899999991 这个数太大了，娜嘉不知还要多少天才能找到它的整除数。如果自己能早点儿找到答案，事情也不至于变成今天这样。照这样下去，就如麦姆所说，精灵们迟早都会全部死去。他们被迫为王妃效力这么久，最终却只能在那个漆黑的石洞中，带着对故乡的思念之情结束生命。

“我不甘心。”娜嘉咬着嘴唇，紧闭双眼，全身开始注入力气。虽然她知道自己像个无头苍蝇一样乱撞，但她仍不愿放弃。

娜嘉心想，如果是碧安卡，或许能想到什么诀窍找到答案吧。碧安卡的脑子里总是装满了各种出乎意料的主意。以前碧安卡考娜嘉：“你能不用纸笔，心算出 48×52 等于多少吗?”碧安卡的解题方法令娜嘉很是佩服。“48 等于 50−2 对吧? 52 等于 50+2。你看，50−2 乘以 50+2 正好等于 50×50 减 2×2。”

这个方法也可以用于其他同类型的计算。100−5 乘以 100+5 等于 100×100 减 5×5。所以 95×105 等于 10000−25，即 9975。同样，70−3 乘以 70+3 等于 70×70−3×3。所以 67×73 等于 4900−9，即 4891。

“4891 ?”

娜嘉意识到这个数和 4899999991 很像。

娜嘉想睁开眼，但是水晶棺上方的灯太过炫目刺得她睁不开。娜嘉重新闭上眼的瞬间，心里一道灵光乍现。

“4899999991 不就是 4900000000 减 9 吗？”

4899999991 等于 4900000000－9。而且 4900000000 等于 70000×70000，9 等于 3×3。那么 4899999991 就等于 70000×70000－3×3。

想到这儿，娜嘉心里蹦出两个数。

“我找到答案了，对吗？”

娜嘉飞快地在脑中把两个数相乘做验证。没错，这两个数之积的确是 4899999991。也就是说这两个数就是 4899999991 的整除数。

“我知道了！”

娜嘉意识到自己找到麦姆和卡夫的命运数了，可以打开那扇大门了。

“放我出去！放我出去！求您了！”

娜嘉一边喊一边用手使劲儿拍打棺盖。可是结实的棺盖把娜嘉的呼救声紧紧地关在水晶棺里。为什么自己没能在被关进水晶棺前多挣扎一下？娜嘉心里充满了懊悔。她使出全身力气拍打、撞击水晶棺，但是水晶棺纹丝不动。外面的祭司们正在埋头准备，没人注意到娜嘉的求救。娜嘉看到一名祭司在祭坛前举起一把发光的长剑开始念诵施法，其余的祭司们跪在旁边跟诵咒语。祭司手中的长剑在神殿的灯光下闪过一道锋利的冷光，一种不好的预感涌上娜嘉的心头。不，不是预感。那把长剑就是用来结束自己性命的武器。

诵经结束后，祭司们每人捧着一只香炉跟在手持长剑的大祭司身后，朝娜嘉走来。走在最前面手握长剑的，正是不久前主持娜嘉成人典礼的那位大祭司。真是物是人非啊，如今他将要亲手杀了自己。大祭司走到娜嘉的水晶棺旁，把手放在水晶棺盖的中央。棺盖上立刻出现一道正好可以插入长剑的细长裂缝，裂缝的下方是娜嘉的心脏。

“不要！放我出去！”

娜嘉用尽全身力气哭喊。大祭司或许透过裂缝听到了娜嘉的求救声，脸上露出了些许悲悯，但这份悲悯并未阻止他继续念咒。他将长剑冲天，短暂低声施咒后，将长剑对准棺盖中央的裂缝。

“用汝之鲜血聚汝之数，愿汝之数转至汝兄理查德之身。”

“啊!”

娜嘉感觉来不及了，可惜自己好不容易找到了答案。

“对不住了，麦姆。”

到最后，娜嘉觉得自己也只是被王妃利用的工具而已。长剑从棺盖上方慢慢落下，看到那锐利的剑刃，娜嘉不由得心惊胆战，浑身瘫软无力，眼前一片漆黑。

“喂，你是什么人！那家伙！把那家伙给我抓起来!”

险些失去意识的娜嘉听到外面的说话声，睁开眼来。虽然大祭司手里仍然握着施了咒语的长剑，但他的注意力已经不在自己身上。娜嘉顺着大祭司的目光看到祭司们正神色慌张地走向神殿的角落。

怎么了？发生了什么事？娜嘉躺在水晶棺中看不清外面的情形，只见得有个人影从张皇失措的祭司们中飞了出来。

那个人影飞速朝这边奔来，祭祀们想追却被甩在身后。大祭司见状，连忙握紧手中的长剑准备刺向娜嘉。千钧一发之际，只见那个人影轻松地越过水晶棺跳到大祭司身旁，一把抓住大祭司的手腕，夺下了他手中的剑。

“是谁?”娜嘉看到一位银发及耳的年轻女子。娜嘉不认识她，却对她身上的长袍十分眼熟——那件长袍是她绣的!

那是娜嘉正在给理查德绣的那件深绿色长袍。娜嘉心生疑惑:“我不是把那件长袍放在屋子里了吗？怎么会……那个银发女子到底是谁?”

娜嘉看到大祭司与银发女子几番交手后，被银发女子用剑柄狠狠地击倒在地。这场战斗并没有就此结束。旁边的祭司们纷纷拿起武器，牢牢地围在银发女子和娜嘉的水晶棺外。见此情形，娜嘉觉得自己和银发女子已无路而逃。

就在这时，银发女子突然松开手中的长剑纵身一跃跳到了水晶棺上，四肢跪趴在棺盖上。娜嘉仔细地端详银发女子，细长的脖颈，娇小的面庞，一对漂亮的丹凤眼，长得真是漂亮。不过娜嘉的确不认识她。正当银发女子伸手从怀里拿东西时，娜嘉看到银发女子的喉部有一道细细的痕迹。

是，伤疤。细细的弧形就像是新月。

"那道伤疤是……!"正在娜嘉因新发现而吃惊不已时，祭司们正摩拳擦掌准备对付水晶棺上的银发女子。一位祭司举起了手中的剑。

"快逃!"娜嘉大喊。但银发女子没有躲避，反而冲娜嘉微微一笑，向娜嘉展示自己刚从怀里拿出来的东西。

那是镜子，是娜嘉留在屋里的镜子。

娜嘉感到镜中有股力量在召唤自己，水晶棺也阻止不了自己被吸入镜中。进入镜中世界的前一秒，娜嘉再一次看向银发女子和她喉部的伤疤。她像是突然明白了什么，朝银发女子喊：

"碧安卡!"

卡夫吐血了。这意味着卡夫的命运数已经降到了原始数值的百分之一以下。

"命运数泡沫"还在不断增多。卡夫随时都有可能死掉。

麦姆看到卡夫躺在工作台上痛苦地喘着气，懊恼之情溢于言表。可是镜子里，王妃还在准备发号施令。

麦姆知道，这种情况下不能再让卡夫工作了。

“那只能赌一把了。”

等了这么久，娜嘉还是没有找到通往外面世界的大门“钥匙”，即麦姆和卡夫的命运数。麦姆他们已经不抱希望了，眼下只有赌一把，试试能不能“撞开大门离开这里”。

从来没人试过用蛮力去开门，因为这种举动会招来镜虫，给大家带来杀身之祸。可是如果不这么干，继续听从那个女人的命令去“工作”，卡夫肯定会死。另外，拒绝工作同样会招来镜虫。麦姆在心里盘算着，如果拒绝工作，自己和其他精灵能否在躲避镜虫攻击的同时，想办法打开大门离开这里呢？

如果没能打开大门，那么所有精灵都得死。不过麦姆早已做好了最坏的打算，并且趁着卡夫睡觉的时候与格义麦勒、达莱特和扎因达成了共识。大家都赞同麦姆的计划。因为从成为精灵族神官的那一刻起，大家已经都做好了随时遭遇不测的准备。

“……麦姆。”

听到卡夫的声音，麦姆看着卡夫说：

“嘿，别说话。”

“命令……来了吧？得赶紧……做事啊。”

卡夫努力想站起来。

“别管那么多，卡夫。”

“那怎么能行？”麦姆伸手想扶卡夫躺下，但卡夫却倚着麦姆的手颤抖着坐了起来，脸色苍白地笑着说，“麦姆你还有时间，大家也都……”

“别管我们。”

“不行……麦姆，你们一定要回花刺子模森林，回到加迪国王身边。陛下一定也在等着你们回去。”

麦姆哑然。以前卡夫也说过同样的话，看起来像是漫不经心，但说的话却句句直击内心。卡夫像是看出了麦姆心中的犹豫，开玩笑地说：

“我们的国王……看起来多威武啊……其实他胆小又怕孤独……他肯定在盼着大家回去。”

麦姆正在想该如何回应卡夫时，卡夫抬头看着石洞顶说：

“任何一个人……孤身离开世界肯定会很寂寞。但是……我不想你们都被‘那些家伙’吃掉。”

麦姆抬头，看到五只在洞顶盘旋的巨大蚰蜒。它们浑身长满尖刺，身体像镜子一样发着光。是“镜虫”。

终于来了。

只要不听从“主人”的命令，镜虫就会现身。它们先在顶部盘旋一段时间，然后下来吞噬精灵。这就是镜中世界的法则。

“喂，怎么办呀？麦姆！”达莱特喘着粗气说。

旁边的格义麦勒抬头看着石洞顶说：“我准备好了。”

麦姆看向扎因。扎因也已经离开座位，说：“我也准备好了，麦姆。”

麦姆点点头。只有卡夫痛苦地摇着头说：

“不可以……你们……不可以……”

“别乱动，乖乖等我们把你送出去。”

麦姆用手轻轻敲了敲卡夫的头。以前卡夫调皮的时候，麦姆也常常轻敲卡夫的头以示责备或劝解。卡夫满脸的不解和疑惑，但什么也没有说。突然，卡夫吐了一口血，倒在了地上。

“卡夫！”

所有人都跑到卡夫身边，卡夫咳了几声后一动不动。达莱特仰天长啸：

“卡夫，你真就这么离开我们了？！”

扎因蹲下来，把手放在卡夫身上。

“不，他还活着！麦姆，快，快下命令！”

听到扎因的话，麦姆像是被打了一针强心剂。

“达莱特和格义麦勒赶紧把卡夫抬到门边，然后用身体把门撞开。我和扎因去引开镜虫！扎因，有问题吗？”

“没有！”

麦姆和扎因一边努力引起镜虫的注意，一边尝试将镜虫带离大门。麦姆和扎因成功引起了镜虫的注意。镜虫观察了一会儿后，一只镜虫俯身飞向扎因。

“千万不能让镜虫钻进衣服里。”

基本上所有的虫形恶灵包括镜虫，都是从衣服的袖口、领口和裙摆等开口部位入侵。如果被这些家伙钻进了衣服里，身体就会被它们身上的尖刺刺伤，最后身体中央就会被钻开一个大洞。

扎因伸手想挡住冲向自己的镜虫，就在手碰到镜虫的那一秒，镜虫突然加速猛地撞向扎因的右肩，顿时一道鲜血喷了出来。

“扎因！”

麦姆朝镜虫飞去，另外的镜虫见状纷纷俯冲下来，擦过麦姆的后背划破了麦姆的衣服，鲜血从伤口渗出来。麦姆一边努力与前面的镜虫搏斗，一边还要躲避身后其他镜虫的攻击。麦姆对大门边的达莱特和格义麦勒喊：

“怎么样？门，打开了吗？”

“没有！纹丝不动！该死！”

听到达莱特满是懊悔的回答，麦姆心想：“没路可走了吗？不，一定还可以。”

“扎因，你去帮忙开门！我来对付镜虫！”

扎因的肩膀还在流血，他不安地看了看麦姆，然后点了点头飞向大门。麦姆飞到五只镜虫前，五只镜虫对他虎视眈眈。

“我可能无法脱身，但你们必须给我活着回去！”

麦姆已经做好了牺牲的准备。就在这时，石洞角落出现一团微小的亮光，有人从里面飞了出来。

“娜嘉！”

麦姆惊喜地叫出了声。娜嘉跌落在石洞的地面上，痛得眉头紧皱。她看到麦姆，立马站起身跑到麦姆身边。

“麦姆！我找到了！我找到你和卡夫的命运数了！可以打开大门了！”

“你说什么？”

“啊！”

娜嘉大叫，她看到所有的镜虫正在朝自己飞来。

“娜嘉！离它们远点儿！千万别让它们钻进衣服里！”

可是来不及了。一只镜虫已经飞到了娜嘉裙摆的位置，撞在娜嘉的膝盖上。娜嘉倒向地面。

“啊！”

麦姆大叫。与此同时，奇怪的事发生了。那只碰到娜嘉身体的镜虫体内发出巨响，然后从头部开始裂为两半，落在地上。

“那是……”

镜虫摔落在地一动不动，像是死了一样。娜嘉站起身，顾不上身旁还有两只虎视眈眈地盯着自己袖口的镜虫，冲麦姆喊：

“70003 和 69997！是你和卡夫的命运数！”

“小心袖口！”

麦姆提醒娜嘉。两只镜虫正准备钻进娜嘉的袖子，就在它们钻进袖口的瞬间，像是被大风吹了出来，和前面那只镜虫一样从头部开始纵向裂开，掉在地上。

“这是怎么回事？那家伙可真厉害啊！”

门边的达莱特看到这一幕十分兴奋。扎因趁机在门上用手指写下麦姆和卡夫的命运数。写完最后一个数，原本纹丝不动的大门缓缓向内开启。达莱特和格义麦勒急忙将卡夫送到门外。扎因扯着嗓子喊道：

“麦姆、娜嘉，快过来!”

“你们先过去！我们马上就来!”

剩下的两只镜虫都瞄准了娜嘉。其中一只镜虫想从娜嘉的衣领钻进去，但当它触到娜嘉的衣领时，也和前几只一样裂开了。麦姆朝娜嘉飞去，他注意到娜嘉身上有一样东西。

“是锯齿纹吗?”

娜嘉衣服的开口部位都绣着或织着一圈细细的三角形锯齿纹，是这些锯齿纹抵御了镜虫的攻击。没想到这些锯齿纹竟然变成了咬碎恶灵的“牙齿”。

只是通常情况下，每个部位的除魔纹仅能抵御住一次恶灵攻击。

娜嘉身后还剩下最后一只镜虫。正当镜虫要钻进娜嘉背后的衣领时，麦姆抓起娜嘉的右手，拉着她飞到了空中。镜虫立刻追了过来。

“追上来了！追上来了！麦姆，快跑!”

等在门边的扎因急得直叫。镜虫的确越来越近。麦姆使出浑身力气在飞，但是因为带着娜嘉，速度怎么也提不上去。照这个情况，最后要么是镜虫赶上自己，要不就是它和自己一起冲进门里。该怎么办……

“喂!”娜嘉朝麦姆喊了一声。

“情况紧急，没时间说话！保持安静!”

“不！为什么刚刚地龙会从我身上弹开?”娜嘉想弄清楚原委。

“是你衣服上的花纹。锯齿纹——三角形花纹，帮你击退了恶灵。”麦姆答道。

“也就是说，那个浑身长满尖刺的蚯蚓害怕除魔纹是吗?”

“是的，但你衣服上的锯齿纹现在已经不能抵御恶灵了，因为刚才你的两只袖子、衣领和裙摆分别击退了一只地龙。”

“那，只有三角纹具有防御能力吗？”

麦姆没明白娜嘉的意思，他看向娜嘉，发现镜虫正紧跟在娜嘉身后。娜嘉伸出左手取下腰带，麦姆看到腰带上的花纹，立刻明白了娜嘉的意思。

腰带上是回字纹。

娜嘉把腰带朝下方的镜虫扔去。镜虫像是被吸进了腰带里，消失在了空中。

“太棒了！起作用了！”

“它只是暂时消失！不能掉以轻心！”

回字纹的确有迷惑恶灵的作用。但是如果纹路不够好，恶灵不到一秒就能从回字纹的迷惑幻象中出来。幸好娜嘉腰带上的回字纹效果不错，恶灵落入幻象中已经好几秒了还没出来。麦姆提醒娜嘉抓紧了，并全力加速飞向大门。大门已近在咫尺，扎因在门口焦急地等着。

“扎因，你先过去！我和娜嘉直接飞过去！”

扎因点点头，走到门外。

“它出来了！”

娜嘉喊道。没错，镜虫已经从腰带的“回形迷宫”中挣脱出来，正加速朝这边飞来。

离大门还有三秒……两秒……一秒……

“就是现在！关门！”

麦姆拉着娜嘉飞速冲进门里。麦姆一边飞，一边向后看。只见达莱特在左侧、格义麦勒和扎因在右侧正用尽全力地关门。追着麦姆和娜嘉飞来的镜虫被左右两扇大门夹住了脑袋，身体被挡在了门外，夹着镜虫脑袋的大门关不起来。格义麦勒大声喊：

“扎因！你用力顶住这边的大门！”

扎因点点头。格义麦勒的身体一离开大门，镜虫瞅准了机会朝里钻，险些把大门顶开。扎因和达莱特努力顶住大门，面目狰狞。格义麦勒从远处直接朝大门的缝隙撞去。

咚！一声巨响后，镜虫的大部分身体被撞了出去，脑袋被大门挤得粉碎掉在地上。格义麦勒受到撞击的反冲，摔了个仰面朝天。大门终于关上了。

“太好了……终于出来了！”

麦姆一边减速一边自语道。终于自由了！不用再对那个女人唯命是从了。

“越来越亮堂了。”

正如娜嘉所说，大门关上后，周围越来越明亮。这是一间拱顶房，四周是光滑的白色墙壁。对面的墙壁中央有一个象征着大气的旋涡，旋涡中间是常春藤缠绕的花刺子模族的森林徽章。那正是八年前精灵们进入镜中世界的入口。入口的上方，是照亮整间屋子的光源。

“麦姆，看！那是……”

麦姆顺着娜嘉手指的方向望去，是一面圆形的小镜子。

“那是……我的镜子吗？”

麦姆答道：“是的。那就是出口。”

麦姆让大家待在原地，自己走到镜子旁观察外面的情况。麦姆警惕地观察着，确认外面是否安全，直到在镜中看到一个人后心里的大石头才落了地。镜子外正是那位一直鼓励他们，并且告诉他们会有“救世主”——娜嘉来救大家的黑衣女子。麦姆与镜中女子的右眼目光交汇。女子向麦姆微微颔首，麦姆立刻明白了女子的意思。

太好了，外面很安全。

“怎么样，麦姆？能出去吗？”娜嘉急忙问麦姆。此时黑衣女子已经消失在镜中。镜子的光越来越强，逐渐把麦姆、娜嘉，还有大门边的格义麦勒、达莱特、扎因，以及昏睡状态的卡夫全部照亮。

“这是……这道光是……?”娜嘉问。

麦姆在心中默默答道：“是我们的救赎之光。我们可以出去了！所有人，和聪明高贵的“救世主”一起出去。”

镜子前，王妃大发雷霆。

“怎么回事?!为什么没有回应?‘命运数分解’谁来做?!”

虽然王妃已经火冒三丈，但镜子一点儿反应都没有，王妃的怒火愈烧愈旺。虽然现在自己已经有办法让理查德起死回生，但眼下要做的是必须阻止那个废物丈夫的造反。

“诅咒他简直易如反掌。要不是因为我的慈悲，他哪能活到现在!”

那个愚蠢的男人肯定想在近期借厄尔多大公国之力向自己发起进攻。自己必须在这之前——发起进攻前杀了他。可是镜子为什么不听自己的命令?

“该死的精灵们，肯定在偷懒!‘奴隶们’到底在干什么?难道他们不知道不听我的话，会立刻死无葬身之地吗?

突然，屋外传来一阵吵闹声，像是有人来找她。王妃怒气冲冲地走到屋外，看到卫兵们在走廊上推搡喧哗。

“怎么回事?!”王妃怒吼道。

听到王妃的怒吼，卫兵们赶紧跪下说：“神殿……有人闯进了神殿，娜嘉殿下消失了。”

王妃看着卫兵，脸上露出难以相信的表情。

“那个，闯进神殿的是一位陌生的银发女子。不知道她对娜嘉殿下做了什么，娜嘉殿下突然消失了……”卫兵有些语无伦次。

“你们都在干什么?！快去把那个女的给我抓起来!”

“她，她也逃走了……”

“娜嘉呢?”

“没找到。”

王妃瞪着双眼怒斥卫兵让路，急忙赶往神殿。卫兵们跟在王妃身后朝神殿跑去。王妃边走边大声呵斥：

“废物！全都是废物！一群没脑子的东西！蠢货!”

祭司们看到王妃怒气冲冲地赶到神殿，一个个吓得浑身发抖，早已顾不上理查德。王妃怒不可遏地让祭司们把事情的原委说清楚，但是祭司们从头到尾都在为自己开脱，没人向王妃说明娜嘉是怎么消失的。

“不要解释！全部给我出去找娜嘉！现在，立刻，马上!”

祭司和卫兵们吓得直打哆嗦，王妃命令一下，所有人立刻离开神殿出去搜寻娜嘉。王妃大喊：

“玛蒂尔德！玛蒂尔德在哪儿?”

“我在这儿。”

“黑衣玛蒂尔德”不知从哪儿走了出来。王妃扯着嗓子命令：

“把‘蜜蜂’放出来，让它们也去找娜嘉！马上!”

“遵命!”

玛蒂尔德还是一如既往地冷静，精神抖擞地离开了神殿。王妃看向祭坛右侧的水晶棺，看着躺在水晶棺里面无血色的理查德，心痛不已。她整个人趴到水晶棺上，悲痛欲绝地望着被自己视若珍宝的儿子。

“别担心，我马上就把娜嘉捉来，让你重生!”

王妃相信自己一定能捉住娜嘉，因为迄今为止没有什么事情能超出自己的掌控。这就是天命，即便中间出现什么意外，最后一定会是称心如意的结局。

“因为，我有着与众不同的，命运数。”

每次想到自己的命运数，王妃都会忍不住沾沾自喜。哪怕现在遇到这么大的麻烦，只要想到命运数，仿佛就看到希望在向自己招手。听到卫兵的呼叫声，王妃心想一定是捉住娜嘉了。于是她抬起头，期待地看着卫兵们，问道：

“捉住娜嘉了？对吧？”

“不……还没捉住。那个……有人把药草田里的药草都偷走了。”

王妃不敢相信自己的耳朵。卫兵接下来的话更是火上浇油。

“下面的人说，是卫兵队长托莱亚称‘奉王妃殿下之命’，让他们用最快的速度收割了全部的药草。然后把药草装到马车上，从后门离开了梅尔辛城。”

听完卫兵的汇报，王妃眼前发黑，顿时感到天旋地转。

第五章

约定的乐园

娜嘉醒来时，发现自己似乎在一个“箱子”里。四周没有窗户看不见外面，只能听到马蹄声和车轮滚动的声音。还能嗅到轻微的青草味。

娜嘉倚在一侧，听到脚下传来一阵阵鼾声。她顺着声音向下看，原来是格义麦勒仰天平躺在自己脚边，再往里，扎因背对着格义麦勒，面向侧壁睡着。

娜嘉开始回想之前发生的事情。没错，她和精灵们从镜中世界逃出来后，一起回到了森林。在森林里，她看到卫兵队长托莱亚和一辆马车。她以为托莱亚一定是王妃派来捉自己的，但托莱亚否定了：“我是王妃的敌人，是来帮助娜嘉殿下的。等下我会带娜嘉殿下去一个安全的地方。”托莱亚像是早就知道麦姆他们的事情，不仅为病人——卡夫准备了休息用的小床铺，还准备了治疗伤口的用具以及食物和水。麦姆他们十分信任托莱亚，一直催促半信半疑的娜嘉上马车。上了马车出发后，自己一直在帮着精灵们包扎伤口和照顾卡夫，不知不觉就睡着了。

“醒了？”

娜嘉顺着声音朝右上方看去，原来是坐在高台上的达莱特。卡夫躺在旁边提前准备的小床铺上。

“卡夫没事吧？”

“目前还在昏迷中，还好保住了性命。虽然情况仍不乐观，不过只要从镜子里出来了，就还有希望。看到卡夫能活着从那鬼地方逃出来，我们非常高兴。谢谢你！”

这是达莱特第一次和颜悦色地和娜嘉说话，之前他总是板张脸，十分冷漠。听到达莱特的感谢，娜嘉有些不好意思，红着脸问达莱特：

“我们……现在在哪儿？”

“这个我也不太清楚，但是马车肯定已经走了很远。”

终于，马蹄声渐止，马车停了下来。娜嘉的侧前方突然吹来一阵风，娜嘉才意识到旁边就是马车门。这时，一位戴着面纱的女子把脑袋探进来，是托莱亚。

“娜嘉殿下，您醒了吗？您还好吗？”

“我还好。不过托莱亚，你为什么会……”

“这件事说来话长，等后面我再慢慢向您解释。我先和您汇报一下，我们现在已经离开了梅尔辛王国，进入了厄尔多大公国。”

“你是说……我们已经离梅尔辛城很远了吗？”

“是的，我们彻夜都在赶路。我只在今早稍休息了一会儿，到现在已经走了很远了。别说梅尔辛城了，恐怕现在您连梅尔辛王国都看不着了。请往这边走。”

托莱亚伸手扶着娜嘉走下马车。夕阳西斜，娜嘉望着远处泛青的山峰，在心里想，这是自己出生后第一次离开梅尔辛城。虽然以前从没想过自己会离开那座城，但是当自己真的离开时，心情反倒更加轻松了。因为，她终于离开王妃了。

托莱亚走到马车前开始照料马匹。骑在马上的麦姆看到娜嘉，立刻从马上翻身下来。

“娜嘉，你还好吗？”

“我挺好的。”

“那太好了。真是要好好谢谢你。幸亏你在外面有这么一位值得信赖的伙伴。”麦姆看着托莱亚说。

麦姆说的“值得信赖的伙伴”应该是指托莱亚。娜嘉其实也不知道托莱亚为什么帮自己，正准备这么告诉麦姆时，麦姆先说道：

“这位托莱亚殿下和我们花刺子模精灵可是相当有渊源。很久以前，她的祖先曾经救过我们精灵王。当时精灵王被‘影’捉住，是托莱亚殿下的祖先从‘影’的手中救出了我们的国王。”

“‘影’，是‘神圣传说’里提到的那个‘影’吗？那个引诱‘第一人’的家伙。”听到娜嘉的问题，托莱亚一边照料马匹，一边答道：

“没错，就是‘神圣传说’里的‘影’。刚刚麦姆也说了，我们龙蒿家族的祖先曾经与‘影’有过殊死一战。当时我族祖先听命于某位城主。但那位城主突然有一天对外宣称‘吾要成神’，然后开始肆意杀戮百姓。为了阻止暴行，我族祖先与城主的其他家臣协力，成功讨伐了城主。其实那位城主只是傀儡，是一位年轻貌美的男子在操控他。‘影’正是那位男子的真身。”

娜嘉想起了“神圣传说”中的内容。

“第一人”在乐园里过着自由自在的生活。一天，“影”诱惑“第一人”说：“即便你拥有‘祝福之数’，但最终仍会年老而死。难道你不渴望获得不老神那般更加美好的数吗？”

“第一人”被“影”唆使，开始四处寻求“不老神数”。这与托莱亚上面提到的城主的情况十分相似。可是在梅尔辛城神殿的壁画上，“影”只是一团模糊不清的黑雾，也没有听说过它还能幻化成人形啊？娜嘉感到疑惑，托莱亚仿佛知道了娜嘉心中所惑，说道：

“对，壁画中的‘影’是没有实形的黑雾。但是据传它在吞噬人或精灵后，可以化作被吞噬物的样子。不过要想完全化作人形，一个人或一只精灵是不够的，必须要同时吞噬两个才可以。因此与我族祖先刀剑相对的‘影’的身体里，除了城主的一位近侍外，还有精灵王。”

托莱亚还说了“影”和自己祖先战斗时的情形。“影”很强，当时龙蒿族的祖先和士兵们差点全要命丧“影”之手。就在这千钧一发之际，托莱亚的祖先挺身而出，牺牲自己才换来“影”真身的四分五裂。

“牺牲自己？”

“是的。我们龙蒿家族中有的人体内暗藏‘尖刀’，比如我的那位祖先。当体内有‘尖刀’的人被杀，他体内的‘尖刀’会反杀杀其主人者。因为‘影’杀了我的祖先，所以自然遭到了‘尖刀’的反杀。被它吞噬的两个人——城主的近侍和精灵国王得救了。”

麦姆插嘴道：“因为‘影子’没有实形，所以普通的武器都拿它无可奈何。但是龙蒿家族的尖刀不一样，能让‘影’四分五裂。最后我们精灵王获救了。龙蒿家族的英勇也成了我们花刺子模精灵族中代代相传的美谈。”

托莱亚对麦姆说：“我们龙蒿家族也一直流传着花刺子模精灵王的故事，还有当时精灵王为感谢救命之恩送给我们龙蒿家族的‘谢礼’。”

托莱亚说着，脸上微微露出一丝笑意。这是娜嘉第一次看到托莱亚笑。托莱亚卸掉手臂上的护具，露出两只粗壮结实的手臂。看到这一幕，娜嘉心中不由得涌起对托莱亚的尊敬。

“娜嘉殿下，接下来我们要去‘乐园’。”

“啊？乐园？”

突然听到这个地名，娜嘉有些懵。她只在“神圣传说”中听过这个地方，神明曾将其赐予“第一人”，最后又把“第一人”从那里逐放。难道自己是要去那里？没等娜嘉弄清楚，托莱亚表示就是“神圣传说”中提到的“乐园”。

“真的有乐园吗？”

“有，就在厄尔多大公国旁边。不过我没去过，听说那是一个十分普通的村落。麦姆先生您去过吗？”

“我也没有。不过花刺子族有一位年长的精灵两百年前曾经去过。他说那里四处环山，山势险峻，没有乐园园长的允许，任何人都无法进入。不过，你们人类的‘神圣传说’里说‘第一人’被逐出乐园，但我们精灵界的‘神圣传说’不是这么说的。我们的‘神圣传说’里是说‘第一人’被囚禁在乐园。”

“囚禁？不是被逐出？”

“嗯。听说‘第一人’的直系子孙也不能离开乐园。”

“我们为什么要去那儿？”

托莱亚答道：“因为乐园园长有办法救卡夫先生。卡夫先生的病因好像是命运数出了问题，虽然乐园园长是人类，但因为她似乎能上通神意，所以十分清楚命运数的事情。而且，乐园超出了王妃的掌控范围，也是娜嘉殿下隐藏行踪的最佳地点。”

托莱亚的口吻像是在转述别人的话，她接着说：

“治疗卡夫先生所需的斐波那草我也带来了。梅尔辛城里所有的斐波那草都被我带来了。”

托莱亚指了指马车后面拉着的包裹。娜嘉看到一块大布下紧紧地捆着堆得山一般高的斐波那草。

“我……竟然把斐波那草的事……忘得一干二净。”

“没关系。有人通知我准备好斐波那草。”

“谁？”

“我不能告诉你。也许到了乐园后，有人会告诉你答案。”

继续赶路没多久，马车踏上了狭窄的山路。驾车的托莱亚十分精神，但坐在她两侧的麦姆和娜嘉偶尔会忍不住困意闭眼小憩一下。山路悠长，天色渐暗，周围响起瘆人的鸟叫声。当太阳西下隐去了最后一丝光彩时，眼前的山路也走到了尽头。

“来，下车吧。”

听到托莱亚的声音，娜嘉迷迷糊糊地睁开眼，一片郁郁葱葱的树林赫然映入眼帘。

“这儿就是乐园吗？”

托莱亚一边给手中的煤油灯点火，一边答道：

“不，这只是乐园的一个入口。得先确认我们是否可以进入。麦姆先生，请您和后面的伙伴说一声，他们需要把卡夫先生也扶下马车。”

“好的。”

麦姆拍着翅膀，向后飞去。娜嘉跳下马车，来到向道路尽头走去的托莱亚身边。麦姆很快带着其他的精灵飞了过来，格义麦勒和达莱特把昏迷中的卡夫连人带床一起抬了出来。

“娜嘉殿下，不好意思。能否替我拿下煤油灯？”

娜嘉接过托莱亚手中的煤油灯。托莱亚摘掉头盔，把头盔夹在腋下。这是娜嘉第一次这么近距离地观察托莱亚。她的眼睛周围没有了昔日的黑色眼影，取而代之的是一双细长清秀且目光敏锐的眼睛，眼睛下是高挺的鼻梁，一头漂亮的长卷发随微风徐徐摆动，时不时轻轻地擦过托莱亚满月般的脸庞。托莱亚站得笔直，像是要与尊贵的人会面一般。她站在山路尽头大声喊道：

“我是‘反骨尖刀’龙蒿家族的托莱亚。从梅尔辛王国梅尔辛城至此，求见乐园园长。”

那声音似乎要振得周围的树木摇晃。话音刚落，眼前的景物纷纷向两旁散开，一扇亮闪闪的大门出现在眼前，门里传来犹如破钟发出的浑浊巨响。娜嘉被巨响吓得连连退缩，原本停在附近树枝上的小鸟也都纷纷振翅逃去，只有托莱亚和精灵们纹丝不动地停在原地。钟响九下后，门里传来一位女子的声音。

“托莱亚女士，还有各位朋友们，能够承受‘驱邪钟声’，证明你们不是坏人。你们来我乐园有何目的？”

“是‘走马灯数’大人让我们来的。我身边的是梅尔辛王国的公主娜嘉殿下，和花刺子模森林的神职人员，麦姆先生、卡夫先生、格义麦勒先生、达莱特先生以及扎因先生。我们是从梅尔辛王国王妃手中逃出来的。”

“你们的事情，‘走马灯数’大人已和我说过。她说过治疗病人要紧，快请进吧。”

托莱亚回头对大家说：“所有精灵请和娜嘉殿下一同进入，我驾马车随后跟上。”

娜嘉和麦姆以及其他精灵朝托莱亚点了点头，然后一起走近“光之门”，消失在了耀眼的光芒中。“光之门”的后面是黑夜。慢慢地，一座被薄雾笼罩的村落渐渐展现在眼前，耳边传来河水缓缓流动的声音，平缓的山丘上布满了石房子，屋顶上盖着厚厚的稻草，里面透着亮光。萤火虫在空中穿梭，微弱的光照在花草树木上。

“哇……”

每个石房子的门口都挂着一块红色或黑色的大布，上面挂着牛角或山羊角，两旁是镶着绿色陶瓷边的镜子。布面上密密麻麻地绣着或染着小“眼睛”花纹。没错，眼睛纹的确具有躲避恶魔之眼的作用。麦姆还说，两旁镶绿边的圆镜也可以反射恶魔之眼，而动物犄角可以抵御一些小型恶灵。不止屋子门口，路边的树上也都挂着镶绿边的小圆镜，里面折射出萤火虫的微光。

正在大家不知道该去哪间屋子时，附近屋子上的圆镜中传来女子的声音，是乐园入口处和大家说话的女子。

“请大家到正对面山上的屋子里来，我在这里等大家。”

女子所说的屋子耸立在一座高高的山冈上，屋顶上和其他石房子一样铺着厚厚的稻草，但整体看起来更大。玄关口的大门上，除了和其他房屋一样的除魔装饰外，还挂着布制夹棉的三角形物件，散发着丁香、芸香等香料的香气。

“请进！”听到玄关门口镜子中发出的指令，娜嘉跟着托莱亚、麦姆走进屋里。没想到屋里竟十分敞亮。

大厅布置得十分简单。里面有两位女子正等着大家，她们身后的墙壁上挂着一枚大圆镜。看到大家走进大厅，右边的女子说：

“尊敬的客人，欢迎光临。我是乐园的园长，旁边是我的女儿塔妮亚。我们先看下病人吧。”

精灵们把卡夫的床放到地面上，园长立刻走近说：

“我会仔细检查这位年轻精灵的情况。”

直到园长走近，娜嘉才看清楚园长的模样。她身材纤瘦，50 岁左右，眼角和嘴角虽然有皱纹，但面庞清瘦，轮廓清晰有致，大大的眼睛眼角微微上翘，流露出深邃的眼神。透过细蕾丝的头巾可以看到里面浅茶色的头发。一袭黑衣简单质朴，宽大的袖口上绣着白色的花纹。每个细节都透露出园长优雅的品性。娜嘉不由在心里感叹，真美。然后她突然意识到一个问题——园长真像她。

眼前的这位女子长得和王妃十分相似。虽然发色和年龄不同，给人的感觉也不同，但她们的五官真是越看越像。

园长正在专心检查卡夫的情况，无暇顾及娜嘉的疑问。园长把右手放在卡夫小小的身体上。

“虽然这位精灵还很年轻，但看起来命数将尽。原因就是‘命运数泡沫’，对吧？”

听到园长的问题，麦姆和其他精灵都点了点头。只有娜嘉看起来有些疑惑，“命运数泡沫”？园长像是看出了娜嘉的疑惑，解释道：

“一般说来，只要人类和精灵活着，命运数是不会发生变化的。生病也好，受伤也罢，只要没危及性命，就算能力有所衰退，命运数也不会变小。只有人类和精灵死的时候，命运数才会发生变化。

“不过凡事都不绝对。譬如年事已高快要驾鹤西去的精灵身上就会出现‘命运数泡沫’。‘泡沫’一旦出现，命运数就时增时减并逐渐变小，直到最终命运数的主人死去。”

托莱亚问：“也就是说即便活着，但命运数仍然有可能会变成其他数，对吗？命运数和‘圣书’中记录的数应该是联动的吧？如果发生了您刚才说的情况，就意味着人即使活着，‘圣书’中的命运数也有可能发生变化，对吗？”

园长看着托莱亚和蔼地答道：

“啊，你是龙蒿家族的人吧？看来你很了解命运数。如你所说，神使一直都在监视‘圣书’中的内容，所以命运数其实是很难发生变化的。只是有些变化可以做到神不知鬼不觉，躲过神使的监管，比如‘命运数泡沫’。因‘泡沫’导致命运数发生的一轮又一轮的变化在‘神使’看来属于‘自然变化’，所以他们并不会特别关注。”

娜嘉不知道，园长说的“一轮又一轮的变化”是指什么，最终也没能问出口。因为她看到园长看向卡夫的表情变得凝重。

“这位卡夫先生……命运数已经衰减到 52 了。如果任‘泡沫’继续发展，卡夫先生怕是活不过明天中午。所以接下来我会号召乐园的村民合力向神祈祷，我们会向神明报告卡夫先生的情况不是自然现象。神明接到我们的祈祷后，会还原卡夫先生的命运数。”

“请问，什么时候要用到斐波那草呢？”麦姆问。

“等到神明还原了卡夫先生的命运数后。虽然命运数被还原了，但因命运数骤减导致肉体功能的衰退和损伤并没复原。斐波那草就是用来解决这一问题的。重点是我们必须在命运数被还原后的半天内开始对卡夫先生进行治疗，超出这一时间无效。时间紧迫，当务之急得先向神明祈祷复原命运数。”

于是，园长对着悬挂在大厅里的大镜子向村民发号施令。麦姆低声自语道：

“原来那也是通信镜。应该是从前花刺子模精灵送给乐园的镜子。”

“通信镜？我的那块也是通信镜吧？”

“是的。通信镜可以用来传递信息。园长应该是在用通信镜呼叫乐园的村民。”

娜嘉点点头，心想原来如此，同时也在想自己的那面镜子去了哪里。

没过多久，男女老少好几十人穿着和园长一样的衣服来到了园长家中，他们安静地走向大厅深处，消失在里间的门里。

“接下来，村民们将在‘圣域’中合力向神明祈祷。这期间，我会让我的女儿带大家换一个地方休息。”

园长的女儿塔妮亚走上前对娜嘉等人说：“请跟我来。”塔妮亚大约30岁，圆圆的脸上挂着温柔的笑容。她带领大家走进了一间不大却十分安静的食堂，并且端来了面包、水果和烤肉。在塔妮亚的热情催促下，娜嘉、托莱亚还有精灵们拿起桌上的食物吃了起来。虽然每个人心里都十分挂念卡夫的安危，但谁都没有说话。简单味美的食物和塔妮亚的热情款待温暖了大家的身体和心灵。吃完后，塔妮亚又带着大家返回到大厅。园长正站在大厅里等着大家。

“好消息。神明听到了我们的祈祷，还原了卡夫先生的命运数。”

听到园长的话，大家悬着的心终于放了下来。麦姆长长地呼了口气，连连感谢园长。不过园长却说：

“关键是接下来。前面我也说过了，还原命运数后，必须要抓紧时间治疗卡夫先生肉体上的损伤。所以必须正确调和斐波那草。”

园长看着娜嘉说：“娜嘉，你来治疗卡夫。”

“我?”

娜嘉和精灵们面面相觑。麦姆说:

“园长，为什么要让娜嘉来做？我们花刺子模的精灵们不可以吗?”

“你们的心情我十分理解，但这是神意。神谕说，在座的诸位精灵刚从镜中世界里逃出来，身上还有‘不净’之物，所以你们不能碰触斐波那草。”

麦姆反驳道:“可，可是我们不是主动去沾染不净之物的！是被王妃骗的……”

“是的，我明白。我也向神明报告了这一情况，但是神意还是要娜嘉负责卡夫先生的治疗。”园长一边说一边看向娜嘉。

“娜嘉，神明知道你解救了精灵们，让你负责治疗也是想考察你。因为想让卡夫先生活下来，不仅要借助他精灵伙伴的力量，同样需要和他们有颇深渊源的你这位人类的帮助。你是否愿意治疗卡夫先生?”

虽然娜嘉还没弄明白为何要指明自己治疗卡夫，但她还是点了点头。

园长把配制草药的具体要求都告诉了娜嘉。简单地说，就是“找到并收集卡夫恢复所需的所有斐波那草”。

“人们通过杂交孕育出了不同品种的斐波那草。人们首先对只开一朵花的斐波那草品种 F1 和 F2 进行杂交，孕育出开两朵花的 F3，然后对 F2 和 F3 继续杂交，孕育出开 3 朵花的 F4。”

娜嘉对园长的介绍并不感到陌生。因为出城前，她也曾听诗人拉姆蒂克斯说过。

“你眼前的药草是用左边两块田里的药草杂交出来的……杂交出的

药草花头数是原来两种药草花头数之和。”

如此看来，斐波那草的花头数从 F1 开始向后数，应该是 1，1，2，3，5，8，13……现在，有 F1 至 F30 的 30 种捆扎好的斐波那草摆在娜嘉眼前。

< 不同品种的斐波那草的花头数 >

F1：1　F2：1　F3：2　F4：3

F5：5　F6：8　F7：13　F8：21

F9：34　F10：55　F11：89　F12：144

F13：233　F14：377　F15：610　F16：987

F17：1597　F18：2584　F19：4181　F20：6765

F21：10946　F22：17711　F23：28657　F24：46368

F25：75025　F26：121393　F27：196418　F28：317811

F29：514229　F30：832040

F1 至 F10 的药草，娜嘉的手还能拿得住。越后面的品种尺寸越大，F30 差不多和娜嘉一样高，上面有 832040 朵小花，都快把下面的茎叶都遮住了。

根据园长所说，只有“相邻品种”的斐波那草可以进行杂交。也就是说可以让 F1 和 F2、F2 和 F3 进行杂交，但是像 F1 和 F3、F2 和 F4 等“非相邻品种”的斐波那草即使进行杂交，也无法孕育出新品种。

“所以斐波那草没有 4 头花、6 头花和 7 头花这样的品种，对吗？”

娜嘉问道。园长点了点头，吩咐说：“你要找到花头数之和与卡夫先生命运数受损数相等的斐波那草组合。”卡夫的原始命运数是 69997，获救前衰减至 52，所以他的受损数是前面两数之差 69945。

因为没有花头数正好是 69945 的斐波那草，所以必须组合几株斐波那草，使组合花头数之和等于 69945。但是，不能单纯地叠加，还要满足以下两个条件。

第一，同种斐波那草不能使用两株及以上。

“举个极端的例子。F1 斐波那草只有一朵花，如果收集 69945 株 F1 斐波那草，花头数之和正好等于要找的数。但这种方法不行。”

第二，不可同时使用“相邻品种”的斐波那草。

“比方说，如果你要用 F2 的斐波那草，那么 F1 和 F3 就不能再用了。”

也就是说，同种斐波那草只能使用一株，且不能同时使用相邻品种的斐波那草。这两个要求实在令娜嘉头疼，会不会根本就没有组合能满足这两个要求呢？于是娜嘉问园长：

“嗯……真的有花头总数恰好等于 69945 的‘斐波那草组合’吗？”

“当然。更确切地说，世界上任何一个数都可以在满足上述两个条件的基础上，用一株或多株斐波那草的花头数之和表示。人类和精灵界的智者已经证明了这一真理。”

听到园长的话，娜嘉有些后悔自己刚刚问出的那个问题。

“那个……不好意思，我这么无知的人竟然质疑园长您说的话……”

娜嘉低着头说。园长听了有些难过：

“‘我这么无知的人’？我不知道你是拿自己和谁比，但你自己就是世界上独一无二的、重要的存在。你这么说自己，未免太可悲了。”

听到园长的话，娜嘉惊得抬起了头。迄今为止，从来没有人和自己说过这样的话，而且自己也从没这样去想过。园长继续说：

“不盲信他人的话，抱有怀疑的态度是非常难得和重要的品质。就像刚才你对问题发出‘是否有解’的疑问，这一点很重要。因为世上原本就有许多无解的问题。”

园长看向窗外。

“本来我应该向你证明我刚刚说的——‘世界上任何一个数都可以在满足上述两个条件的基础上，用一株或多株斐波那草的花头数之和表示’的正确性，可惜时间紧迫。所以我们先假设它是正确的，然后在这个正确的前提下，找齐所需的斐波那草。可以吗，娜嘉？”

娜嘉感到巨大的压力向自己涌来。虽然大致明白了自己应该做什么，但是用什么方法才能找到花头数之和正好等于 69945 的斐波那草呢？看着眼前山一般的斐波那草，娜嘉有些茫然。

“必须赶在天亮前找齐所需的斐波那草。”

因为天亮后得开始制作草药了。园长走出屋子，屋里只剩下娜嘉一人。娜嘉定了定神，准备开始寻找所需的斐波那草。

“娜嘉能找到吗？”

达莱特的话划破了大家的沉默。一直想着卡夫的麦姆也被达莱特的话拉回到了现实中。格义麦勒答道：

“怎么说呢，我倒是觉得她可以。毕竟麦姆和卡夫的命运数也是她找到的呀。”

“既然格义麦勒都那么说了……可是我还是不放心。那个孩子很聪明，可是她只有 13 岁！还不到我们年龄的十分之一。”

麦姆的想法和达莱特一样。扎因呢？

“扎因，你怎么看？”

听到麦姆问自己，扎因看着麦姆说：“……不太清楚，可能对她来说还是有点儿难吧。”

扎因话没说完，达莱特抢着说：

“你看，扎因也是这么想的吧？我说麦姆，咱们还是帮帮她吧。你是我们神官中最厉害的，在花刺子模森林中‘操作书’也一直由你负责保管，你对书里的内容一定是了如指掌吧？那么找到所需斐波那草的方法也……”

“……啊？”

“麦姆你要是知道，就告诉她‘方法’。”

达莱特身边的格义麦勒也表示“赞同”。

“可以这么做吗？”麦姆还有些犹豫。

扎因说：“一般情况下，如果神意指明了要某人做，外人是不能‘介入’的。”

“可是神明也没说不可以啊，所以最后不还是取决于我们精灵的决定？”

对于达莱特的提问，扎因也说：“嗯，或许是吧。”

“据我所知，过去从来没人因介入神谕而受罚，或者出现不好的结果。就算被罚，受罚的也应该是介入者，而不是被介入的人吧。”

扎因的话更加坚定了达莱特的想法，他对麦姆说：

“嘿，麦姆，你还是把方法告诉那个女孩吧，帮帮她。反正最后选择斐波那草的人还是她，不是吗？”

“可是……”

麦姆虽然也很想帮助娜嘉，但他还是十分犹豫。看到麦姆犹豫不决的样子，达莱特皱着眉头严肃地说：

“如果那个女孩没有找对答案，卡夫就只有死路一条了。我绝不允许这种事发生，而且那个女孩也会留下痛苦的回忆。麦姆，你也是我们当中最不想看到这个结果的，对吗？”

“让我想想。”说完，麦姆扇着翅膀飞出了窗外。

乐园的夜景映入麦姆的眼帘。连绵起伏的山丘下是蜿蜒曲折的河流，对面是湖，远处是山，一轮月亮挂在天空。

来过乐园的年长精灵曾对自己和卡夫说过，乐园的光彩已不复往昔，乐园对于乐园园长而言是一座无形的牢狱。因为没有神明的命令，乐园园长——“第一人”的直系子孙不能离开乐园。当时麦姆听了觉得乐园园长太可怜了，但卡夫却不知为什么反而特别兴奋，信誓旦旦地说自己一定要去乐园看看，还跟麦姆说：“咱们一起去，约好了啊！”。可是谁会想到今天自己和卡夫竟是以这样的方式一起来到乐园。想到这儿，麦姆不由地攥紧了拳头。

——“如果那个女孩没有找对答案，卡夫就只有死路一条了——那个女孩也会留下痛苦的回忆。”

麦姆想起达莱特刚刚说过的话，终于下定了决心。

——“我只告诉她方法。最后选择斐波那草的人是娜嘉，不是我。”

就算这是不被允许的行为，受罚的也是自己。自己不怕接受惩罚。

——“只要卡夫没事，我可以接受惩罚。都冲我来吧。”

麦姆迈开步子，朝娜嘉的屋子走去。

娜嘉正在把手中的斐波那草一株一株放回去，她感觉自己就快找到方法了。

任何数，在满足单个品种只使用一株的前提下，都可以表示为一株或多株非相邻品种的斐波那草的花头数之和。娜嘉只有这一条线索。于是她决定从选取适量的斐波那草开始尝试。因为不可以使用相邻品种的斐波那草，娜嘉记着这一点，做了很多尝试，还是没能找到正好等于卡夫命运数受损数的组合。但是在尝试的过程中，娜嘉感觉自己好像找到了解题的方法。

“也许这样就行了。可是，为什么……”

天就要亮了。娜嘉打算按照自己思考的方法先试一试。她深吸了一口气，准备开始一次新的尝试。正在这时，娜嘉听到有人在屋外叫自己的名字。她站起身打开门，看到麦姆正仰头望着自己。

“麦姆！你怎么来了？”

“娜嘉，你先别说话，听我说。斐波那草要用‘贪心算法’来选择，只有这样才能找到答案。”

看到麦姆着急的样子，娜嘉把嘴边的话咽了下去。麦姆继续说：

“听好了。首先你得从单株花头数小于治疗所需数——69945 的品种中，找到花头数最多的一株，然后用 69945 减去这株的花头数。之后对差进行同样的操作，也就是在花头数小于计算所得差的斐波那草中再找出一株花头数最多的。这样重复下去就可以找到答案了。听明白了吗？还有，切记不要把我告诉你解题方法的事情和别人说。”

娜嘉说：“其实我刚刚正准备尝试这个方法呢。”

“什么……这样啊。”麦姆听到娜嘉的话后露出如释重负的表情，娜嘉意识到麦姆是因为担心卡夫才来帮自己解题的。

“看来是我杞人忧天了。”

“不不，总之我要谢谢你。因为我也不知道自己想到的这个方法是否正确，听到麦姆你说‘是对的’，我也就放心了。”

“是吗？希望没给你添麻烦……一切都是为了卡夫，拜托了！”

说完，麦姆朝屋外走去。娜嘉长长地舒了一口气，麦姆告诉了自己“正确的解题方法”，娜嘉心里有了底。接下来按照麦姆说的去做就好了。娜嘉再一次朝斐波那草走去。

麦姆正准备回到他们的小屋，忽然发现走廊上有人，于是停了下来。

“园长！”

麦姆刚想问园长为什么这个时候来这儿，没想到园长先开了口：

“麦姆先生。我必须告诉你，很遗憾你把‘解题方法’告诉了娜嘉。”

麦姆背后一凉……果然不该“介入”啊！

“……园长是不是早就料到我会来？是不是会有惩罚？如果有，无论何种惩罚，请让我一人承受。”

“啊，麦姆先生，没想到你连受罚都想好了，看来介入之前你已做好了心理准备。我十分了解你担心卡夫的心情，但是这次介入神谕的‘责罚’并不是由你来承担，而是娜嘉。”

麦姆吃惊地看着园长，他怎么也没料到事情会发展成这样。园长继续说道：

“如果你不介入，娜嘉只要找齐治疗卡夫先生所需的药草就可以了。但由于你的介入，娜嘉的责任就更重了。她不仅要找齐药草，还必须弄明白你教她的方法‘为什么正确’。如果她做不到，就算她找到了药草并制成了草药，卡夫先生也无法恢复。”

麦姆愣住了。

“怎么会这样……我得赶紧告诉娜嘉。”

“不可以！”

看着正言厉色的园长，麦姆一脸惊讶。

“你不可以告诉她。她必须在没有任何人的帮助下，自己寻找问题并找到答案。”

这对于麦姆如同晴天霹雳。如果有人告诉了自己一个好方法，任谁都会直接拿来用吧。更何况娜嘉只是个 13 岁的小姑娘，怎么可能会怀疑麦姆和她说的话。

“真希望她能质疑我。”

这是最后的希望了。只是娜嘉会质疑他吗？麦姆觉得不太可能。想到这儿，麦姆感到无望，垂头跪倒在地。

“我……真是多此一举……”麦姆觉得要是卡夫不能恢复，都是因为自己的错。

“麦姆先生，事已至此，我们只能相信娜嘉。”

“……”

麦姆悔不当初，不知该说什么。园长接着说：

“这一定是神意。虽然情形不乐观，但是无论结局如何，我们都只能接受。”

天一亮，园长和女儿塔妮亚就开始制作草药。她们一边吟诵咒语，一边把娜嘉挑选出的斐波那草切碎，分成了三份，分别用来烧、蒸和煮，最后再把所有处理过的药草放到一个大药钵里搅拌混合。一直到日上三竿，草药才制作完成。精灵们按照园长的吩咐，把卡夫抬到大厅里间的圣域，让他横躺在祭坛上。娜嘉拿着药钵和园长、塔妮亚走进圣域。

格义麦勒和达莱特目不转睛地看着药钵里金光四射、带着芳草香的草药，连连惊叹。扎因没有说话，但是努力瞪大了眼睛。只有麦姆紧皱双眉，双手捂在胸口，一脸悲痛。

“开始吧。”园长站在祭坛前说。此时，麦姆已经坚持不下去了。

“不行，不能看。”麦姆心想，接着他如同逃跑一般离开了现场。

精灵们吃惊地看着麦姆离去的身影，想追却被园长拦了下来。仪式继续进行。

麦姆穿过大厅跑到屋外。阳光有些刺眼，麦姆用手挡着脸蹲在地上。

他想象着此刻圣域中的场景。全身涂满了斐波那草药的卡夫，还有望眼欲穿盼着卡夫醒来的伙伴们。可是涂了药的卡夫仍旧一动不动地躺在祭坛上，双眼紧闭。大家的期待慢慢变成不安，最后变成绝望。眼睁睁地看着最后的机会从指尖溜走，卡夫再也不会回来了。一切的一切，都是因为自己。

“卡夫，对不起！我又错了。明明是我的错，却连累了你和其他的伙伴们。”麦姆浑身瘫软，瘫倒在地。

正在这时，麦姆听到屋里发出了悲鸣般的声音。他浑身一哆嗦，急忙回头。屋里喧嚣不已。

“啊，终究……”麦姆心里一沉，他感觉最坏的结果已经到来，所以大家才会放声痛哭。同时，他又觉得早晚都要面对这件事，所以应当和大家说清楚，这件事不能怪娜嘉，是自己，卡夫是因为自己才死的。麦姆准备起身回到屋里，但他双腿无力，还没等站起来又摔倒在地上。

一想到卡夫已经离世，麦姆的心就像被刀割一般。他双手撑着地，眼泪啪嗒啪嗒地砸在地上，模糊了双眼，映湿了地面。

“麦姆——！”

伴随着一阵啪嗒啪嗒声，麦姆似乎听到有人在喊自己。他猛地抬头，却被迎面冲来的人紧紧抱住，一起摔倒在地。脑袋受到撞击的麦姆差点儿昏了过去。

“啊啊，对不起！”

“难道……”

一双湛蓝澄澈的眼眸正看着自己。

“不可能……”

可那张脸的确是卡夫啊。看到麦姆愣住了，卡夫轻轻拍了拍麦姆的脸说：

“对不起，麦姆！我睁开眼没看到你，就急了……”

看到大家跟在卡夫身后走出来，麦姆意识到自己看到的都是真的，不是梦。他好不容易从嗓子里挤出了几句话：

“……以前，我就和你说……不要急。”

“对不起！以后我会注意的，麦姆你快起来！”

可是麦姆还是没有站起来。他躺在地上双手掩面，假装自己在睡觉。直到听到卡夫“啊”的一声大叫，才终于擦去眼中的泪水站了起来。

“麦姆，快看快看！我们在‘乐园’呢！”

听到卡夫的话，麦姆环顾四周，这是他第一次在白天细细观赏乐园的景色。

天空万里无云，山丘、森林和房屋在灿烂阳光的照射下闪闪发光。麦姆立刻意识到这些光是四处悬挂着的除魔镜反射出来的，但丝毫不影响景致的美。田野上盛开着五颜六色的花，清澈的河流缓缓流入风恬浪静如明镜般的湖泊。因为眼中还噙着泪，麦姆遮着脸避免与卡夫对视。

“麦姆，不要遮了，好好看风景啊。”

“别管我了！”

麦姆双手掩面，直到眼里的泪水止住不再落下。

卡夫醒后，所有人都到大厅里向神祈愿致谢。祈愿的时候，卡夫

像贴在麦姆身上寸步不离，麦姆虽不能集中精力祈祷但还是没有说话，而且今天也不能对卡夫太严厉。祈愿结束后，园长问娜嘉：

“娜嘉，是麦姆把‘解题方法’告诉你的吧？知道方法后你是怎么做的？”

娜嘉老实地回答：

“我先按照麦姆说的方法试着做了一次，然后发现非常顺利。”

治疗卡夫所需的数是 69945。按照麦姆说的方法，娜嘉首先找到了单株花头数距 69945 最近的斐波那草 F24，上面有 46368 朵花。用 69945 减去 46368 得 23577。接下来单株花头数离 23577 最近的是 F22，17711 朵。用 23577 减去 17711 得 5866。单株花头数距 5866 最近的是 F19，4181 朵。按照这个方法，不断做减法，然后选择花头数与所得差最接近的斐波那草。

69945－46368（F24）=23577

23577－17711（F22）=5866

5866－4181（F19）=1685

1685－1597（F17）=88

88－55（F10）=33

33－21（F8）=12

12－8（F6）=4

4－3（F4）=1（F2）

按照这个方法，娜嘉分别从 F24、F22、F19、F17、F10、F8、F6、F4、F2 这九种斐波那草中各取了一株，它们的花头总数正好等于 69945。

园长接着问：

“可是，娜嘉，你并没有因为找到了答案就‘结束’，而是思考并找出了‘为什么进展如此顺利’的原因吧？”

娜嘉答道：

“是的。我看到麦姆告诉我的‘贪心算法’很顺利，不禁想‘太轻而易举了’。”

“太轻而易举？”

“是的。掌握了‘贪心算法’，问题就变得非常简单。但是我有个疑问，为什么这个方法能够满足那两个条件呢？”

麦姆认真地听着娜嘉说话。正因为娜嘉有求知欲，卡夫才能获救。那娜嘉是怎么找到答案的呢？

“首先，我按照麦姆教的方法，试了几个 69945 之外的数。果然，拿到的‘同种斐波那草’不会大于一株，而且不会出现拿到‘相邻品种’的情况。我很想知道这究竟是偶然现象，还是有必然的原因。”

“接下来，你是怎么想的？”

“我先找了一个数，然后找到单株花头数小于这个数且距这个数最近的斐波那草，计算出这个数和找到的斐波那草花头数之差。比方说 69945。花头数小于 69945，且距 69945 最近的斐波那草是 F24，单株花头数是 46368。按照‘贪心算法’，用 69945 减去 46368，得到 23577。

“如果 F24 的相邻品种 F23，也就是单株花头数距 69945 第二近的斐波那草的花头数小于 23577，那么下一株应该选择 F23。不过 F23 的花头数是 28657，比 23577 大。也就是说，离 69945 第二近的斐波那草的花头数大于 69945 减去离其最近的斐波那草花头数之差。”

也就是说，28657（F23）大于 69945−46368（F24）=23577。

“所以，选了 F24 后，必然不会选 F23。因为 69945 与 F24 之差不包含 F23。同理，选了 F24 后也不会再选 F24，因为那个……是理所当然的……”

“你说‘理所当然’，是因为 69945 减 F24 之差已经比 F23 小了，而 F24 的花头数比 F23 还要多，所以 F24 肯定不在备选之列。是这个意思吧？”

听到园长的补充，娜嘉使劲地点了点头。

“是的，我正想说。嗯……然后我就想，为什么 F23 会大于 69945 和 F24 的差呢？很快我就想明白了。因为 F24 是单株花头数比 69945 小且距其最近的斐波那草，而且 69945 在 F24 到 F25 的花头数区间里。”

也就是说，69945 比 F24 大，比 F25 小。可以用关系式表示为 F24 < 69945 < F25。

“由于斐波那草的杂交性质，F25 的花头数等于 F24 和 F23 的花头数之和。所以既然 69945 小于 F25 的花头数，它减掉 F24 的花头数之差自然小于 F23 的花头数。”

也就是说，因为 F25=F24+F23，所以 F25−F24=F23，而 69945 < F25，两边同时减 F24，得 69945−F24 < F25−F24，因为 F25−F24=F23，所以可以推导出 69945−F24 < F23。

“因此，69945 减去 F24 的花头数之差自然比 F23 的花头数小，所以当然不会再选择与 F24 相邻的 F23 了。当然，比 F23 还要大的 F24 就更不能再选择了。”

虽然娜嘉说得有些不流畅，但麦姆知道她已经清楚理解了原理。

“……然后，我对后面每一轮计算出的‘差’进行了同样的观察和思考……我发现，用前面算出的‘差’减去比它小且距其最近的花头数再次得到的差，必定小于离它第二近的斐波那草花头数。每一轮都是如此。”

听到娜嘉的回答，园长的脸上露出赞许的表情。

“你做得非常好。昨天我就说过不要盲信他人的话，要敢提问敢怀疑。你做到了。你不仅验证了麦姆教你的方法也适用于其他数，而且还思考了‘为什么会如此顺利’。非常好！”

紧贴着麦姆的卡夫不由得赞叹，娜嘉真是了不起。娜嘉听到表扬羞红了脸，园长对娜嘉说：

“我们人类如果发现‘某种方法适用于多个场合’，想法就很容易简单化，认为‘所有事情都是这样’或者‘这是常态现象’，但很多时候其实只是‘特例’。而且不弄清楚‘为什么’‘所有事情都是这样’，以及‘为什么’‘这是常态现象’，都不能说它们经过了‘证明’。

“这个世界上的确有简单的一面，但这并不代表所有的东西都如此。然而，将事物简单化处理的诱惑把我们禁锢，阻碍我们质疑及客观地看待自己的想法。尤其是事情进展顺利，顺应自己心意的时候，很难做到反省己思。”

说完，园长看向窗外，嘴里喃喃自语道：

“……很可惜，我的姐姐却理解不了这个道理。”

麦姆吃惊地问：

“姐姐？园长您还有姐姐吗？乐园园长应该是‘第一人’的直系子孙——也就是长女继承呀。”

园长无奈地回答：

“是啊，你说得没错。可是我的姐姐违背了坚守乐园的规定，放弃了成为乐园园长的义务，离开了乐园。所以我才成了乐园园长。”

精灵们大为吃惊。

“没想到竟然还有那样的事。违背神意的代价可是很可怕的呀……”

“是的。因为姐姐，乐园已经付出了巨大的代价。前任园长，也就是我的母亲就因此丧命。”

“太可怜了。那她本人受到什么神罚了吗？”

“没有。姐姐离开乐园后，一直躲着神，没有受到惩罚。有关我姐姐的近况，我想你们应该比我更了解。”

我们更了解？精灵们你看看我我看看你，满是不解。

园长说：

“我的姐姐，就是把你们囚禁在镜中世界的罪魁祸首——梅尔辛王国的王妃。”

第六章

活在欺骗里的日子

听到园长说王妃是她的姐姐，娜嘉和精灵们都惊得目瞪口呆。

“你们吃惊很正常，因为她看起来比我年轻太多了吧。我今年已经61岁了，她比我长2岁，今年63岁。”

这是娜嘉第一次知道王妃的年龄，可是王妃看起来不过二十几岁。园长解释说这与姐姐的命运数有关。

“姐姐的命运数十分特别。一般来说，人类的命运数大多是5位数或6位数，但是姐姐的命运数是12位数。姐姐与生俱来的强健体魄，以及能永葆青春，与命运数不无关系。”

“命运数是不是越大越好呢？”

对娜嘉这个直截了当的问题，园长谨慎地答道：

“虽然很早之前就有人开始研究命运数，但是还是有很多东西没弄清楚。不过命运数越大，生命力越强，这一点应该没错。从目前的观察对象来看，命运数大的人大多健康长寿。不过活的时间再长，也及不上精灵。对吧，麦姆先生？”

麦姆点了点头，说：“是的。人类再长寿，最多也只能活100岁左右。但是普通的精灵也能活300岁，长寿的精灵可以活到500岁以上。”

“那么长？”

娜嘉吃惊地问。卡夫说：

“因为我们精灵的命运数是‘祝福之数’。而人类的命运数因为‘有裂痕’，所以即便它再大也是有上限的。”

“神圣传说”中是这么解释“祝福之数”的，“大数值的、强大的、没有裂痕且不可分解的数，与‘不老神数’相似”。也就是说，“祝福之数”是一个“大素数”，除了 1 和它本身以外不能被其他任何自然数整除。

“人类的祖先‘第一人’最初也被赐予了‘祝福之数’。但是‘第一人’为了拿到‘不老神数’激怒了众神。作为她的子孙，我们被赐予了又小又脆弱，而且还可以被分解的数。”

听到园长的解释，娜嘉想起自己成人典礼上的“问答”，“皆由人类之母，‘第一人’之罪之故”。其中的罪就是受“影子”唆使，企图获取“不老神数”之罪。

“自古以来，人们都说没有人类能带着‘祝福之数’出生。但是我的姐姐——王妃认为自己的命运数就是‘祝福之数’。”

也就是说，王妃的命运数是一个 12 位的大素数。姐姐碧安卡说过：“我们的母妃拥有神赐的‘特别之数’。”命运数是一个大素数的王妃肯定与众不同吧。

娜嘉不禁有些疑惑，为什么一个受到神明眷顾的人要做那些残暴的事情？王妃不但不把上天赐予自己的东西与人分享，竟然还为了一己私欲咒杀他人获取“宝石”。她的思绪被园长的话打断了。

“其实姐姐的心里藏着巨大的恐惧。”

“什么？”

“姐姐一出生，拥有的就比别人多。可是她的内心深处一直在担心这些东西不属于自己，害怕它们有一天会消失。说实话，姐姐的担心其实也不无道理。毕竟这个世界上没有人能永远拥有什么。财产、青春、地位、健康、身体、情感、命运数，谁都带不走。从这个角度说，的确没有什么是真正属于自己的东西。我们从出生开始，不，生前死后都是赤条条两手空空。可是姐姐不敢面对这个事实，所以她想拥有更多。”

娜嘉似懂非懂。园长继续说：

“其实姐姐‘误解’了自己的命运数。真是太不幸了。”

464052305161。

王妃的脑海中一次次浮现出这个数字。

“属于我的‘祝福之数’。”

“祝福之数”是大数值的、强大的、没有裂痕且不可分解的数，与“不老神数”相似。人类中，除了“第一人”，只有王妃被赐予了“祝福之数”。而且王妃的这个数不仅令普通人类望尘莫及，甚至远超精灵们的命运数。

所以王妃认为自己作为拥有如此“祝福之数”的人，肯定过得要比别人幸福。不然就“太不正常”了。

可是现在她不仅与丈夫刀剑相向，视若珍宝的儿子也死了，那个能救儿子性命的养女也突然消失了。最重要的是，王妃失去了诅咒的“工具”。她看着镜子，可镜子一点儿反应都没有。为什么？难道镜子里的精灵都死了？王妃知道总有一天精灵们都会死去，可是现在还为时尚早。镜子里有五只精灵，现在也许已经有一两只死了。可是只要还有一只活着，他就得继续遵从自己的命令。还能有什么原因呢？集体逃跑了？不，他们打不开“出口”。王妃越想越头疼。

在王妃眼里，“诅咒”除了能收集宝石，也是非常重要的武器。王妃并不惧怕那些不知天高地厚妄想暗杀自己的人，因为他们根本动不了自己分毫。可是要想掌控世间大事为己所用，就不得不借助诅咒的魔力。诅咒需要用到很多珍稀材料——古老火蜥蜴的粉末、绿柱石层中的千年积水、带有金色花纹的血玉髓以及素数蜂的蜂毒。王妃正是为了得到这些东西，才一步步成为梅尔辛国王的妻子。八年前，她好不容易从花刺子模精灵的手中抢来了“计算镜”，之后的所有事情都进展得非常顺利。

“可是镜子没有反应了！”

她的丈夫马上就要率军来攻打自己了，和他正面交锋可不是一件易事。那个本来应该挺身为自己出战的卫兵队长托莱亚也不见了，而且还带走了大量的斐波那草！

“啊，我太可怜了！”

王妃想着自己的不幸，看着镜子流下了眼泪。自己没有错，错的都是别人。错的是那些不服从自己的命令、和自己作对、和自己刀剑相向的人，以及那些无用的逃兵们。

“一个个‘命运数’都不值一提，比我小那么多还敢忤逆我。”

王妃越想越生气。可是当她想到自己现在竟被那些不懂分寸的家伙逼到这般境地，不由得又伤心起来。

“为什么要哭？”

背后突然传来声音，王妃吓了一跳。她回过头，看到诗人拉姆蒂克斯正站在门前。

“啊，你终于来了！”

从前无论王妃如何劝说，诗人从未踏进过这间“实验室”。可是今天，他来了。因为心疼自己，他来了。

看到诗人，王妃下意识地换了一种哭法。整个人哭得梨花带雨，惹人心疼，她步履娇弱，蹒跚着走向诗人。诗人也走进屋子，紧紧抱住王妃。

“我都听说了，没想到竟然发生了这么大的事。但是这都不是王妃殿下您的错。”

听到诗人用充满磁性的嗓音安慰自己，王妃有些雀跃。身处困境的自己还能吸引这么年轻貌美的男子，正是这种自信和万能感一直以来不断给予王妃力量。诗人像是安慰王妃般，轻抚着王妃的头发说：

“先不管王子理查德殿下。对付国王，您像以往一样用诅咒的方法杀了他不行吗?”

知道王妃秘密的人屈指可数，诗人就是其中一个。诗人一直周游各国，知道很多有关诅咒术和魔法的知识，所以慢慢地变成了深得王妃喜爱的聊天对象。王妃娇嗔地答道：“不，不行呀，镜子不听我的话了，没法诅咒了。”

以前诗人听到王妃用孩子般的语气说话，总是会露出宠溺的笑容。但是这次或许因为事态严峻，他十分严肃地说：

“就是您之前和我说过的那面‘镜子’吗？里面有花刺子模精灵和‘分解书’?”

王妃点了点头。

“镜子不听您的命令了，应该是由于某种原因精灵们不在镜子里了吧。如果是镜子里没有精灵了，我们可以制作新的啊。”

“制作?”

“是的。我在书中看到过制作精灵的方法，只要能够成功制作出精灵，也许镜子就能重新听命于您了。”

听到诗人的话，王妃的眼里像是重新燃起了希望。诗人继续说：

“一般来说，精灵的身体是由和我们一样的‘肉体’以及由 4 位或 5 位数的‘祝福之数’搭建的‘数体’组成。虽然人类无法制作精灵的肉体，但是我们可以建立精灵‘数体’。只要把‘数体’放入‘灵介’

中，就能制作出功能形同真物的‘人造精灵’了。”

“人造……？”

“没错。虽然人造精灵的寿命比不上真正的精灵，但是因为可以无限制作，所以能随意替换。而且人造精灵不像真正的精灵，它们不会跑，更不会和您作对。”

王妃觉得这真是个绝妙的主意，急忙向诗人询问具体的制作方法。

“书里说首先必须准备一些‘人偶’作灵介，也就是把粗糙的麻布缝成袋状，里面放入羊角和鹿角烧成的灰……”

王妃听得十分认真，人偶的制作听起来不是太复杂。王妃立刻传令让下人们赶紧准备起来。

“说到底人偶也只是人造精灵的‘外在’，我们还必须建立人偶身体内部的‘数体’，为此要搭建生产‘数体’的‘机器’。搭建‘机器’的任务就交给我吧，明晚之前保证完成。”

王妃欣喜地接受了诗人的建议，连连夸赞诗人：“嗯，那就交给你了，因为你向来言出必行，从未食言。”王妃心里开心极了，多亏了诗人……不，应该多亏了自己。只有自己才能让如此优秀和英俊的男人死心塌地为自己服务，帮助自己摆脱眼前的困境。

可是王妃转念又想起还有一些问题需要解决。首要的问题是斐波那草。假使诗人“制作精灵的方法”成功了，自己可以重新施行诅咒，那么噬数灵带回的“尖刀”该怎么办？没有斐波那草，自己被噬数灵带回的尖刀反伤的伤口就无法愈合。斐波那草十分罕见，据自己所知，这附近只有梅尔辛城种植了斐波那草。王妃向诗人表达了自己心中的疑虑后，诗人答道：

“我有斐波那草种子。在外游历时我收集了许多植物的种子，其中就有斐波那草。按照我的方法，一天就能杂交出 30 个斐波那草的品种。不过我有个条件，那就是斐波那草必须由我一个人打理……”

王妃当然同意了诗人的要求。因为比起玛蒂尔德，王妃更相信诗人。虽然王妃已经深陷困境，但诗人仍向她伸出了援手。王妃对诗人的表现很满意。

“可是理查德怎么办？”王妃问。诗人答道：

“水晶棺应该还可以暂时维持住理查德殿下的遗体吧？只要我们在此之前抓住娜嘉殿下不就行了？”

诗人的回答令王妃颇为不悦，她说：“只有立即复活理查德，我才能安心。”

对于王妃的要求诗人有些为难，说道：

“我十分理解王妃殿下您的心情。如果不能马上找到娜嘉殿下，那我再想想还有没有其他方法可以救理查德殿下吧。不过王妃殿下，有些话不知当不当讲……”

“怎么了？”王妃示意诗人但说无妨。

诗人略有难色，但还是直截了当地说：“对于王妃殿下而言，没有理查德王子真的不行吗？”

王妃愣住了，心想诗人怎么会问出这样的问题。王妃愤怒地说：“你在说什么？我当然没他不行啊！理查德可是我的继承人。”

但王妃的这一理由并没有说服诗人。

“一定要有继承人吗？或许我们可以换个角度想一想。王妃殿下您从出生起就拥有强大的命运数，可是它再强大也只是‘祝福之数’，不是‘神之数’。虽然王妃殿下您定能如精灵般长寿，但是您终究难逃年老色衰，告别人世的命运。”

王妃双眉紧锁，诗人的话让她不悦。但是诗人并未就此打住，继续说道：

“如果王妃殿下无法摆脱年老色衰而亡的命运，那肯定需要有继承人。可是如果王妃殿下晋升为不老不死之身，您还需要继承人做什么？您将是统领梅尔辛王国的永远的‘女王’。”

王妃大为震惊，问道：“真的可以变成不老不死之身吗？”

“当然可以。但是首先我要帮您恢复‘诅咒’之力。只要人造精灵的实验能够成功，您就可以重新借助‘镜子’实施诅咒，然后……”诗人看到王妃满眼期待，继续说道，“把王妃殿下您的命运数变成‘神之数’，怎么样？”

“王妃对自己的命运数存在‘误解’。”

乐园园长话音刚落，麦姆第一个提出了疑问：

“什么意思？难道那位王妃的命运数不是‘祝福之数’？”

园长点了点头，说道：“是的。她以为自己的命运数是‘祝福之数’，但实际上并不是。不过，麦姆先生，你为何如此吃惊？”

娜嘉看向麦姆，她不懂园长和麦姆在说什么。园长也看着麦姆等待麦姆回答。麦姆看了一眼其他的精灵，说道：

“……园长您应该知道，我们花刺子模精灵和人类是神在同一时期创造出来的。最开始我们的命运数并不是‘祝福之数’，是象征着创世期的神圣之气，即‘万数之母’最开始孕育出的纯粹大气的数——2的倍数。直到现在，花刺子模精灵的王族中，仍有精灵的命运数是2的乘方。可能就是一种传承吧。

“因为‘影’，我们才获得了‘祝福之数’。可能人类不知道，‘影’在唆使‘第一人’之前，曾接近精灵的先祖，也就是花刺子模初代精灵王。初代精灵王的命运数是262144，也就是2的18次方。虽然初代精灵王被‘影’掳走，但他抵住诱惑，最终自己逃了回来。精灵王的坚定意志得到了神的嘉许，因此精灵族也取得了神的信任。最后，神收回了原本赐予人类的‘祝福之数’，将其赐给了精灵族。”

娜嘉没想到传说的背后竟然还有这么多曲折。娜嘉只知道人类的“神圣传说”，那里面并没有记录这一段故事，所以她听得津津有味。

“精灵族在取得神的信任并被赐予‘祝福之数’的同时，也被要求履行新的义务。一个义务是要管理操作数的各种‘计算操作书’，例如王妃用来实施诅咒的‘分解书’就是‘计算操作书’的一种，那个以前是由我管理的；另一个义务是要帮助抗诱惑力差的人类，特别是那种能够通晓神意的人，我们必须尽力帮助他实现他的愿望。”

据说神会交给精灵这样的任务，是因为预见到了神对地上世界的影响力将会随着时间的流逝变得越来越小。

“精灵史上，曾有多人向花刺子模精灵表明自己是可以通晓神意的人类，但他们的资质都还不够。直到八年前，那位王妃来到了我们花刺子模森林。”

麦姆回忆称，当时王妃说自己能通晓神意，担负着拯救人类的使命。

“那个女人——王妃说自己虽然是人类，但拥有非常大的‘祝福之数’——464052305161。我们的加迪王和当时作为国王神官的我们听到她的话都大吃一惊。因为如果有人类重新拥有了‘祝福之数’，就代表神已经宽恕了‘第一人’之罪，人类重新获得了神的信任。如果那个女人没有说谎，我们精灵就有责任帮助她满足她的愿望。

“但众所周知，判断一个大数是否是‘祝福之数’，即大素数非常困难。就在我们迟疑的时候，那位王妃说小费马神可以证明她的命运数是得到了祝福的数。过去她曾让梅尔辛城的祭司们举行过无数次判定仪式，每次的判定结果都一样。”

娜嘉越听越糊涂，她问麦姆：“小费马神证明是什么？”

“‘小费马神判定’，可以判定一个数是否是素数。”

麦姆向娜嘉介绍了“小费马神判定”的方法。首先，在与目标判定数的公约数只有 1 的数中，选取一个数 n，然后计算“目标判定数减 1”个 n 的乘积，再用计算出的乘积除以目标判定数。若余数为 1，则目标判定数为素数。反之则目标判定数不是素数。

“譬如我们想知道 5 是否是素数。首先找一个与 5 的公约数只有 1 的数，比方 2。接下来我们计算‘5 - 1’个即 4 个 2 的乘积，得到 16。然后用 16 除以 5，余数为 1，这就表示 5 是素数。事实上 5 也的确是素数。”

娜嘉在心中默算。按照这个方法对素数 5 进行计算，余数的确为 1。可是要是换成非素数 9，会得到什么样的结果呢？首先选择与 9 只有公约数 1 的数 2，然后求“9 - 1”个即 8 个 2 的乘积，得到 256。用 256 除以 9，商为 28，余数为 4。因为余数不是 1，所以 9 不是素数。结果符合事实。

娜嘉刚摸到点儿头绪，很快又否定了自己的想法。她认为自己只用这个方法检验了 5 和 9 两个数，虽然所得结果与事实相符，但仍然无法确定这个方法是否可以用来判定所有的数。这时，麦姆对园长说：

“我曾建议加迪王谨慎判断，不可操之过急。前面我说过，小费马神判定中要使用‘与目标判定数的公约数只有 1 的数’。我追问王妃迄今为止她都用过哪些数，那个女人回答了 2、3、4、5 等小数。她认为‘这些数已经足够了’，不过当时我还是建议加迪王再用其他数检验一下。

“实际上，加迪王有些不大愿意再做检验。因为王妃的命运数非常大，用小费马神判定的方法，每一次判定都需要消耗大量的资源。例如，选择“与目标判定数的公约数只有 1 的数”7 来做检验，第二步就是要计算 7 的 464052305160 次方。虽然我们想尽量多拿些数来做检验，但是精灵族的财产支撑不了这么大负荷的计算，所以加迪王一直没有同意我的建议。好在卡夫、达莱特、格义麦勒和扎因这四位神官都赞同我的做法，精灵王这才勉强答应。不过他也提出了条件——五次，至多只能祈求五次神谕。"

麦姆他们只好接受这一条件，慎重选择检验数后，举行了一场持续数日的判定仪式。五次小费马神的判定结果都是"余数为 1"，证明王妃的命运数是'祝福之数'。加迪王看到结果十分开心，但是麦姆还是觉得有问题。于是麦姆向加迪王提议再用自己看管的"分解书"和特制的计算工具——"演算镜"来尝试分解王妃的命运数。其实"分解书"中只记录了从 1 开始的 500 个素数，所以用"分解书"也未必能找到可以被王妃命运数整除的数。但是麦姆还是觉得应该再尝试检验一下，以防万一。

"当时麦姆的判断是正确的。"

扎因对娜嘉说。但是这一举动却带来后面一连串的不幸。王妃看着麦姆把"分解书"送进了演算镜，等五位神官也相继进入镜中后，王妃抢走了演算镜。麦姆在镜子里看到王妃身边的老侍女从怀中拿出一块散发强烈毒气的石头，那块石头是"瘴气石"，是精灵们的克星。加迪王和他身边的护卫裕都被瘴气石的毒气所伤，陷入了昏迷。王妃趁机拿着演算镜逃出了花刺子模森林。一旦离开花刺子模森林，镜子就会听命于所持之人，镜子里的精灵们也会自动变成她的奴仆。而且麦姆和其他精灵们全部失去了离开镜中世界方法的记忆，大家都必须听从王妃的命令。

想到当时的情形，麦姆恨得咬牙切齿。

"幸亏我们都从镜子里逃了出来，卡夫也从死亡边缘捡回一条命。但是直到现在我还是十分懊悔，为什么当时我没能看透那个女人邪恶的本性呢？"

扎因安慰麦姆说：

“不，麦姆，那个女人肯定早就想好要从王的手中抢夺演算镜和我们。如果麦姆你认可‘小费马神的判定’结果，相信那个女人的命运数是‘祝福之数’的话，加迪王也会帮助她实现她的愿望。”

其他精灵也纷纷劝慰麦姆，向他说不是他的错。扎因问园长：

“园长您刚刚说那位王妃的命运数不是‘祝福之数’，对吗？这究竟是怎么回事？小费马神的判定结果不可信吗？”

园长答道：

“小费马神判定对所有素数都是成立的。只是有少数非素数按照小费马神判定的方法也会得出与素数一样的结果。

“比如我们想判定 341 是否是素数。我们选择与 341 的公约数只有 1 的 2 作为检验数，然后用 2 的 340 次方除以 341，得到余数 1。但是其实 341 可以被 11 和 31 整除，也就是说 341 可以被分解，不是素数。”

精灵们大吃一惊，没想到会有如此简单的“反例”。园长继续向大家解释：

“碰到这种情况的话，选择不同的‘与目标判定数的公约数只有 1 的数’多做几次检验，有时是可以得到正确结果的。341 就是很好的例子。如果我们用‘与目标判定数的公约数只有 1 的数’3 来做检验，计算出 3 的 340 次方后再除以 341，得到余数 56。由此可以判断出 341‘不是素数’。”

“那么，使用更多不同的数去检验王妃的命运数是不是就行了呢？我们只向小费马神祈求了五次神谕，如果我们能多祈求几次，是不是就会出现‘余数为 1’之外的结果呢？”

面对麦姆的提问，园长摇了摇头，说：

“无论你做多少次小费马神判定去检验姐姐的命运数，结果都一样。”

“无论检验多少次，都是一样的结果？为什么？”精灵们全都瞪圆了眼睛看着园长。

“因为姐姐的命运数非常特殊。有些‘有裂痕’的数，不管你用多少‘与目标判定数的公约数只有 1 的数’去检验，得到的余数始终都是 1。也就是说，用小费马神判定的方法，始终都会得出与判定素数一致的结果。姐姐的命运数就是这样的数。”

据园长所言，王妃的命运数是 464052305161，这个数可以被 4261、8521 和 12781 整除。这是一个“有裂痕”但很难与素数区分的数。

下人们赶制好的人偶已经摆在了实验台上，这些人偶没有脸也没有手和脚。城里为了抵御国王的进攻本就已是一团混乱，加上王妃一直在旁边怒吼，胆小的下人们只能勉强做出这种水平的人偶。人偶的尺寸不大，外面用边角布料裹一裹就行了，但是为了找齐填入娃娃头部的足量的鹿角灰和羊角灰，下人们也是煞费苦心。王妃十分不满下人们的工作效率，但不管怎么样，已经赶制出了三十只人偶。恰好诗人也已经组建好了制作精灵的装置，送到了王妃的实验室中。

“虽然是用手边的简单材料紧急制作的，但是不会影响到它的使用。”

诗人组建的装置外形十分奇特。左边是一个注入液体的玻璃漏斗，漏斗下方的铁管连接到一个平放的、看不见内部的铁制容器。铁制容器的右侧与一只细管相连。细管有两个出口，一个是在中段向下的出口，下面放了一只研钵；一个是向右的出口，与一个上有圆形小孔的圆形素烧容器相连。

诗人从怀中掏出几只小瓶子，里面装着金黄色的液体。

“那是什么？”

“素数蜂蜂蜜！”

“素数蜂蜂蜜？”王妃只知道有诅咒用的“素数蜂蜂毒”，从来没听说有素数蜂蜂蜜。诗人向王妃介绍：

“虽然量极少，素数蜂也是产蜜的。这些已经是那个玛蒂尔德保存在蜂屋的全部素数蜂蜂蜜了。”

小瓶子的瓶身上分别标着 2、3、5、7、11、13、37 和 41 的编号。诗人说，这代表瓶子里装的分别是孵化周期为 2 天、3 天、5 天、7 天、11 天、13 天、37 天和 41 天的蜜蜂的蜂蜜。

“能拿到这些蜂蜜太棒了。尤其是 41 号蜂蜜，蜜量充足简直太幸运了。”

“这些东西要怎么用呢？”

“素数蜂蜂蜜中含有建立‘数体’的物质——‘数体核’。例如一滴孵化周期为 2 天的素数蜂蜂蜜中包含了 2 个‘数体核’，一滴孵化周期为 41 天的素数蜂蜂蜜中包含了 41 个‘数体核’。用这些‘数体核’可以建立人造‘数体’。但是，单纯混合素数蜂蜂蜜只能建立小‘数体’，要想建立可以驱动人造精灵的大数体，我们必须快速繁殖数体核，使它们增长至与精灵命运数不相上下的‘祝福之数’。我搭建这组实验装置目的就在于此。”

诗人一边说着，一边把煤油灯放到装置左边的正方形铁板下加热铁板，然后在玻璃漏斗中滴入一滴 13 号素数蜂蜂蜜，说是试验一下。蜂蜜缓缓划过漏斗落在正方形铁板中。随着温度的上升，铁板逐渐变成了金色，不一会儿，右侧连接铁板的细管也逐渐变成了金色。在细管‘分叉’部，一滴无色液体顺着向下的管子落在下方的研钵中。向右的横向细管也慢慢变成了金色，最后连最右侧的圆形素烧容器也变成了金色。诗人向素烧容器中滴入一滴 41 号素数蜂蜂蜜。

诗人向王妃介绍了装置的运转机制。正方形铁板可以把素数蜂蜂蜜中含有的“数体核”增大至 2 次方大，增大的‘数体核’经过细管中段时，其中的一部分——与原始‘数体核’等大的‘数体核’，通过向下的细管排出，剩余的‘数体核’在素烧容器中与 41 号蜂蜜相融。

“我刚刚在左边玻璃漏斗中滴入的是 13 号蜂蜜，里面有 13 个‘数体核’。经过铁板后‘数体核’增加至 169 个，其中 13 个通过向下的细管被排出。剩余的 156 个‘数体核’在最右侧的容器中与 41 号蜂蜜中的 41 个‘数体核’融合相加。也就是说，这个过程相当于 $13^2-13+41$ 这个式子。”就在诗人说话时，装置右端的素烧容器开始小幅振动。

“啊!”王妃一声尖叫。原来素烧容器上方的圆孔——诗人刚刚滴入 41 号蜂蜜的地方，涌出许多像肥皂泡般的透明球体，发着淡淡的蓝光。

“这些就是人造数体。”

诗人拿起一只人偶，慢慢靠近空中漂浮的人造数体。数体一碰到人偶就如泡沫破裂般消失了。

“啊，不见了!”

“刚刚建立的数体相当于数 197。同时它也是一个‘没有裂痕、无法分解’的‘祝福之数’，只是对于人造精灵来说这个数还是太小了。”

“那么我们得制作更大的‘数体’啊，赶快开始吧。”

“好的。接下来我会尝试在左侧的玻璃漏斗中更换、增加蜂蜜滴，为了弄清楚制作一只人造精灵所需的最小‘数体’，我们要节约蜂蜜，尽量建立更多的‘数体’。不用担心，我一定能够建立可以放进人偶的‘数体’。只要‘数体’被放到人偶体内，人偶就会变得像精灵，也可以活动。”

王妃问:“为什么要这么麻烦，直接在装置中加入包含更多‘数体核’的蜂蜜不是更好吗？”

诗人摇了摇头，说：“素数蜂蜂蜜本来就很稀少，而且蜜蜂的孵化周期越长蜂蜜量就越少。只有按照我说的方法去做，才能最大可能地有效使用手中的蜂蜜建立大‘数体’。值得庆幸的是，我们手中的41号蜂蜜数量很充足。”

诗人又补充说：“有了41号蜂蜜就更容易制作出祝福之数。先在玻璃漏斗中滴入任意一滴“数体核”小于41的蜂蜜，然后在右侧的素烧容器中滴入一滴41号蜂蜜，即融入41个‘数体核’，最后建立的数体一定会是祝福之数。”

“为什么玻璃漏斗中只能使用‘小于41’的数体核？”

“因为当加入的数体核大于40时，制作的数体有可能不是祝福之数。而且一旦制作出一个不是祝福之数的数体，那么这个装置就将停止运转且不能再使用了。”

虽然王妃仍有些似懂非懂，但既然诗人这么说，她觉得自己还是听他的吧。诗人本想继续向王妃说明，但是王妃似乎有些不耐烦，向诗人问起斐波那草的事情，诗人回答说：

“今天，30个品种的斐波那草都已经发芽，明天应该就能收割了。”

这样就可以在国王进攻前先把他解决掉了。想到这儿，王妃嘴角轻轻上扬，邪魅一笑。

“另外，王妃殿下，您考虑得怎么样了？”

诗人说的是要把王妃的命运数变成“更好的数”——“不老神数”的事。王妃像是不愿意谈及此事，因为“第一人”正是因为追求“不老神数”而受的惩罚。但是诗人却主张“传说毕竟只是传说”。

“传说未必都是对的，传说在流传的过程中经常会发生改变，而且有些传说还是当政者为了拉拢民心捏造出来的。”

其实不用诗人鼓动，王妃心中的天平早已向诗人的提议倾斜，只是嘴上还硬撑着，她还是害怕。王妃抬头看向诗人，说道：

“比起我，我更担心理查德，我们得先想办法救他……”

诗人含情脉脉地看着王妃，不错，这正是王妃预料中的眼神。诗人赞叹道：“王妃殿下真是位伟大的母亲，请放心，我一定会想办法救回理查德王子。但是您能否先考虑一下您自己的事情呢？”

听到诗人的话，王妃佯装不悦。其实她心里已经决定了先让自己获得“不老神数”。

对于诗人昨天说的“是否一定要复活理查德”，王妃在心里重新审视了这个问题。为什么理查德这么重要？当然，理查德是自己的继承人是其中的一个原因，但更重要的是，理查德不仅英俊帅气，而且对自己毫无威胁性。虽然女儿碧安卡也出落得亭亭玉立，而且比理查德听话，但是她是‘女儿’。只要是美人，不管是谁都会威胁到自己的地位。但是理查德不会，更何况理查德长大了还能保护自己。一直以来王妃都是这么想的。

不过实际上理查德长大后越来越我行我素，不受自己控制。而且理查德从很早之前就已表现出了这样的趋势，只是王妃总是安慰自己，小猫小狗再可爱也避免不了会恶作剧。但是现在王妃心中对儿子已经生出了些许嫌隙，只是她一直害怕当自己慢慢老去，身旁没有儿子的话该是多么孤单。但是，假如诗人帮助自己变成了不老不死之身，即使自己一个人也没有任何问题，有没有儿子似乎也不再重要。

“您将是统治梅尔辛王国的永远的女王！”

王妃在心中默默回应昨日诗人的话：“你说得对！”

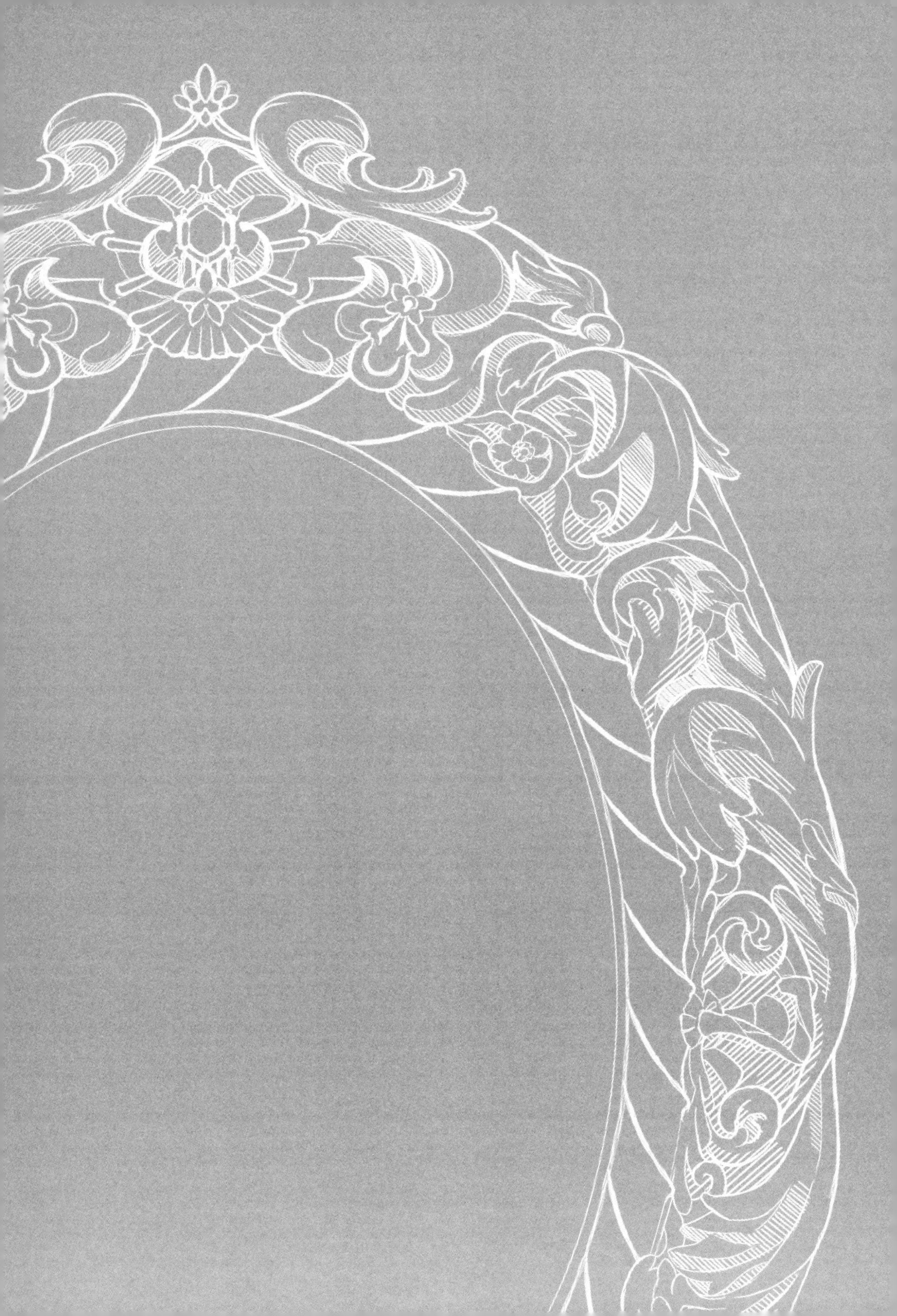

第七章

命运之纹

明明前一天没怎么睡，可是娜嘉第二天天没亮就醒了。当发现自己已经不在梅尔辛城时，她还是吓了一跳。

娜嘉四周打量了一下，屋子里有床和桌子，墙上是大大的窗户，让人心情愉悦。床边整齐地摆放着换洗衣物。娜嘉起床换上干净的衣服，发现同园长和塔妮亚的衣服样式一样，只是颜色不同。园长和塔妮亚的衣服是黑色的，娜嘉的是天蓝色的。自己第一次穿这么鲜艳的衣服，娜嘉有些不知所措。当她看见衣服的圆领和宽袖边上绣着精美的花纹时，不由得眯着眼睛笑了起来。

天色慢慢亮了起来，阳光透过窗户照进屋里。咚咚，门外传来轻轻的敲门声。娜嘉听到卡夫的声音："娜嘉，你起床了吗？我可以进来吗？"娜嘉急忙整了整头发，铺好床铺，推开窗户，这才打开了门。娜嘉低头看到卡夫正仰着头看着自己。卡夫身上的衣服也是新的，一定也是园长准备的。

"早上起床就闲得慌。在等娜嘉你起床呢。"

"闲得慌？麦姆他们在做什么？"

"他们在……"

据卡夫所言，麦姆他们到乐园中心的湖边去了。据说那个湖不是普通的湖，是有特殊魔力的湖，顺利的话可以联系到地点不明的伙伴。

卡夫走进屋里，跳到床上继续说：

“麦姆他们希望能与花刺子模森林取得联系。”

“你们都是从花刺子模森林出来的，对吗？花刺子模森林很远吗？”

“不好说，有时候远有时候近。现在可能离得有点儿远。”

娜嘉听得有些疑惑，但是从卡夫的话来看，花刺子模森林会不定期自由移动，不是一个固定的地点。

“因为精灵族非常喜欢从天而降的纯粹大气充沛的地方，所以花刺子模森林会自由移动，寻找满足我们需求的地方。一般情况下，精灵是不会离开森林的，所以森林移动也不会造成什么问题。但是现在我才发现，没有固定地点还真是件麻烦事儿。

“从大家进入镜子中开始，每个人心里都时刻担心着森林的情况。最让大家放心不下的是加迪王。他作为一名贤明的精灵王，即便身边没有神官，也肯定能把精灵族管理得很好。但大家还是有些担心，所以他们一起床就赶去湖边希望能与森林取得联系。我也很想去，但是麦姆不让我去，说我昨天才捡回一条命，让我在屋里好好休息。”

“精灵王就是扎因的哥哥吧？”

“是的，他是扎因的双胞胎哥哥。不过加迪王和扎因还有我们都不同，他的命运数很特别。”

精灵的命运数一般是 4 位或 5 位数的素数，即“祝福之数”，但加迪王的命运数是 2 的乘方。

“其实我们精灵最开始诞生于‘万数之母’孕育的大气层，2 就是象征着这种大气层的数。虽然从很久很久以前开始，因精灵王拒绝了‘影’的唆使，我们精灵族被神赐予‘祝福之数’，但是精灵王族中仍有人的命运数与‘2’有关。或许这就是精灵王族古老高贵血统的一种表现吧。事实上，具有这种特殊命运数的精灵无一例外都成了贤明伟大的精灵王。但是，也不全是好事。”

“不全是好事？难道寿命会变短？”

“不，和我们的寿命差不多，或许还要长一点儿。但是，他们很容易成为别人的目标。”

“容易成为别人的目标？谁的？”

“‘影’。”

娜嘉想起在来乐园的路上，麦姆和托莱亚的对话。

“你这么一说，我想起来麦姆的确说过从前的精灵王被‘影’吞进肚子里的事情，最后还是托莱亚的祖先劈开了‘影’的身体，救出了精灵王。”

“是的。那是精灵族的王第二次被‘影’攻击，在那之前还有一次。当时神对地上世界的影响力还非常大，所以当时的精灵王靠着自身的力量成功脱身。不过第二次就没那么幸运了，精灵王被吞进了肚子里。”

“‘影’到底是什么？听你们说，它会吞噬人和精灵，幻化成他们的样子。”

“我也不太清楚‘影’是什么，也没见过。大家都说‘影’是恶灵的一种，可实际上也没人能说清楚它究竟是什么。我只知道‘影’没有命运数，是不祥之物，它最多只能同时吞噬 2 个人或精灵。还有它是出于某种目的才一直攻击精灵王的。我知道的就这么多了。”

“它为什么要攻击精灵王呢？”

“怎么说呢，这也正是加迪王非常害怕的地方。加迪王的命运数是 2 的 18 次方，即 262144。不管是第一次还是第二次被‘影’掳去的精灵王，他们的命运数都是这个数。”

卡夫话音刚落，娜嘉就感到周围空气有些异样，空气像是被灌了铅一样重重地压向自己。突然，娜嘉背后一凉，双手不受控制地微微颤抖。娜嘉迟疑了片刻，察觉到了自己内心的情绪——恐惧。

不仅娜嘉，卡夫也注意到情况异常，他望向窗外。

“这种感觉……”

卡夫拍着翅膀飞向窗户。

“娜嘉，快看！那边！”

娜嘉打了个寒战，站起身，顺着卡夫说的方向看去。是那家伙，灰色的，半透明的，长得和蜥蜴一样。

“噬数灵！”

那个怪物正朝这边飞来。娜嘉吓得一身冷汗，全身僵硬。突然，噬数灵改变了飞行方向。

“那边——它朝屋后飞去了。娜嘉，快走！”

可是娜嘉已经吓得双腿瘫软，无法动弹，卡夫奋不顾身拉起娜嘉的手飞到空中，钻过大门，穿过走廊，飞到了屋外。卡夫拉着娜嘉全速绕到屋后，林立的大树映入眼帘。大树树干笔直，每棵树木前后左右的间隔都差不多。噬数灵在林间穿梭，渐渐朝深处飞去。终于，娜嘉在树林中看到一个人影。

“那是园长！”

园长站在林间，看着朝自己越飞越近的噬数灵。她比平常多加了一件黑色带帽的披风。噬数灵突然膨胀了起来，娜嘉立刻意识到是噬数灵张开了嘴巴，准备把园长吞进肚子里。

正当娜嘉想要惊呼时，园长迅速地抖动身上的黑披风，披风背面的纹饰瞬间移到正面。一个从衣摆向上延伸、金光闪闪的巨大等边三角形。

“三角形？锯齿纹？”

下一秒，娜嘉听到了犹如水袋破裂的声音，四周的空气也被震得哗哗作响。顷刻间，噬数灵的身体四散开来。园长像是什么事都没发生般，裹着披风站在原地。

“那件披风和园长可真是厉害！”

卡夫一边佩服地说，一边拉着娜嘉准备朝园长飞去。

“停下，不要过来。等下还有。”

于是，卡夫和娜嘉停在了一处和园长有一定距离的树荫下。忽然，那种“压迫感”又袭来。娜嘉回头一看，果然如园长所说，噬数灵又来了，而且这次竟有十多只。

“天啊，那么多……”

这些噬数灵的目标都是园长。园长依旧站在原地纹丝不动，仅用身上的黑色披风就把前来攻击自己的噬数灵一一击退。

“太厉害了……”

“娜嘉，快看那件披风！要坏了！”

正如卡夫所说，园长的黑色披风从边缘开始慢慢变成了灰色，然后像是被火烧了般，一点点化成粉末掉到地上。黑色披风为园长挡下了十只噬数灵。

“披风……消失了……”

但是噬数灵源源不断，娜嘉不禁替园长捏了把冷汗，可园长依旧面不改色地站在原地。噬数灵越飞越近时，塔妮亚突然从园长身后出现，拿着几个布满了线的圆环。

“原来如此，要用捕兽网啦。”

“你是说塔妮亚手中的圆环？”

“是的。那就是捕捉恶灵的网，是出了名的可以对抗恶灵的武器。”

塔妮亚站在园长旁边，对准逼近的噬数灵的脑袋掷出了手中的圆环。噬数灵被圆环套住脑袋后没了威力，掉落到地上，仿佛地面上有股强大的吸力。卡夫看到这一幕，高兴地连连拍手。

塔妮亚用同样的方法又捉住了三只噬数灵。此时，捕兽网已经用光了，可是远处还能看到一只噬数灵的影子。园长对塔妮亚说：

“塔妮亚，你已经尽力了。剩下的那只就用‘平方阵’来对付吧。”

“好的，母亲，我已经准备好了。”

园长和塔妮亚转过身，迅速向树林深处跑去。卡夫和娜嘉紧随其后。

“园长和塔妮亚是要做什么？”

娜嘉担心地问。卡夫想了想，小声地说：

“园长刚刚说了要用‘平方阵’，对吧？‘平方阵’就是……”

卡夫还没和娜嘉解释清楚，园长和塔妮亚已经停了下来。那里是一块正方形的空地，空地的四个顶点上各耸立着一棵高大的树，树上各贴着一张长方形的咒符，咒符上发着淡淡的光。卡夫看到眼前的情形，自言自语道：“果真如此。”但是娜嘉还是一头雾水。

园长走到正方形空地的中央坐了下来，塔妮亚转身朝卡夫和娜嘉走来。塔妮亚刚到卡夫他俩身边，只见噬数灵鼓起半透明的身体，张开大嘴猛地冲向园长。在如此近距离内，娜嘉被噬数灵带来的强大气压震住了，全身发软。

“没事儿，你仔细看。”

塔妮亚轻轻地将手搭在娜嘉肩上，平静地对娜嘉说。在塔妮亚的安抚下，娜嘉慢慢睁开了她因为害怕而快要闭上的双眼。她看到园长瞬间分出许多分身，充满了整个正方形的空间。噬数灵朝空间中央的“园长”冲过去，把“园长”吞进了肚子里。然后它慢慢地打着转飞，像是在寻找出口。

“园长！”

园长的身影消失在了正方形的空间里。

“仔细看，左右两边很快就能看到园长了。”

正如塔妮亚所说，正方形空间的左右两边各出现了一个园长模糊的身影。没过几秒，两个“影像”间开始互相吸引，最终在正中央合成为一个整体。园长安静地坐在原来的位置，睁开了眼。

“塔妮亚，辛苦了。你赶紧把那个恶灵埋到地下去。”

塔妮亚走进正方形的空间，在里面挖起洞来。没一会儿，地面上出现了一个又大又深的洞。看到塔妮亚已经准备妥当，园长对着缓慢盘旋的噬数灵念诵起咒语。看到噬数灵被吸进洞中，塔妮亚不知从哪儿拿来一块人头大小的圆形石头堵住洞口，然后用红色的细绳绕在石头上，最后用土固定住石头。塔妮亚向园长报告：“噬数灵已封印完毕。”

园长朝塔妮亚点了点头，扭头对娜嘉和卡夫说：

“让二位受惊了。我没事，不用担心。”

卡夫问园长：

“适才攻击园长的噬数灵，该不会就是那位王妃召唤出来的吧？”

王妃？卡夫的话令娜嘉大吃一惊。园长若无其事地答道：

“您说得没错，看来卡夫先生很清楚这件事。”

“我们在镜子里都看到了。那位王妃从八年前开始，每天都会召唤至少 20 只噬数灵攻击同一个人，只是那些恶灵从来都是有去无回。我一直没想明白是怎么回事儿，看来都是在园长您这儿吃了败仗。”

卡夫看起来很开心，可是娜嘉却笑不出来。那个王妃竟然召唤噬数灵攻击自己的亲妹妹，而且每天都召唤出这么多。

“我以前见过捕兽网，不过那件披风却是第一次见。虽然听人说三角纹可以粉碎恶灵，没想到竟有威力如此强的纹样。”

“披风上的三角纹也叫‘命运三角纹’，是抵御恶灵攻击最厉害的花纹。”

“真希望能告诉精灵王这个方法。如果他有那件披风，或许就不会害怕‘影’了。不过，我没想到在披风坏了，捕兽网用完之后，园长您竟然会让噬数灵吞噬自己的‘数体’。那是‘命运数还原’，对吧？”

“是的。不过要触发这个技能，需要有一个正方形的空间，且在四边都要贴上特殊的咒符。”

听完园长的话，娜嘉又认真观察起贴在四棵树干上的咒符。咒符是薄木板上贴着布条。第一张咒符是一块染着白色壁虎花纹的茶色布片。下方挂着许多细线，细线上拴着像壁虎尾巴的金属，叮叮作响。塔妮亚走到娜嘉身边，解释说：“壁虎花纹象征着重生。而且这块布是用经纱和纬纱‘扎染’出来的。”娜嘉非常吃惊，因为这块布织得相当密实，就算是放到眼前也看不出上面有扎染特有的‘缝隙’，真可谓巧夺天工。边缘上绣的几何花纹也十分精巧。

第二张咒符是一块绣着蓝色小鸟的白布，下端挂着形似鸟羽的金属。第三张符咒是一块深绿色的布，上面是白色的“撕开面包的手”的图案，下方挂着手形状的金属。最后一张咒符是白布上用红线绣了两个圆，下面挂着许多双环。塔妮亚告诉娜嘉，鸟象征着生死轮回，“撕开面包的手”象征着“分解”，“两个圆”象征着肉体和灵魂的维系。卡夫对园长轻声说道：

“也就是说……园长您的命运数是‘平方分割还原数’？”

“没错。”

“我以前就听说有人拥有这么神奇的命运数，但您是我遇到的第一个。”

看来卡夫多少还是了解一些的。面对一脸不解的娜嘉，卡夫解释道：

“所谓‘平方分割还原数’，就是把平方数——自己与自己相乘之积按位数从中间分割成左右两个数，且这两个数相加之和正好等于原数。”

卡夫举出 45 和 297 两个例子，

“45 的平方是 2025，对吧？我们把 2025 从中间分割成 20 和 25。

20 与 25 相加等于多少?”

“45。呀，果然等于原数。”

娜嘉在心中对卡夫举出的另一个例子 297 做检验计算。297 的平方数是 88209。可是 88209 是 5 位数，无法分割成两个位数相同的数。于是娜嘉向卡夫请教，卡夫说：

“啊，如果位数为奇数，我们在分割时，前一个数的位数要比后一个数少一位，所以 88209 可以分割成 88 和 209。”

娜嘉继续心算，88 加 209 等于 297，的确变回原数了。娜嘉不禁感叹原来世上竟有这么神奇的数。园长对娜嘉说：

“我的命运数是 499500，也是平方分解还原数。多亏了这个数，只要我在贴了咒符的正方形空间——‘平方阵’中，无论被噬数灵吞噬多少‘数体’，都能毫发无损回归本我。”

园长接着说，噬数灵吞噬“数体”后，身体的灵活度会大幅下降，只要在这时将它们埋在地下，并施以特殊封印，它们就会被永久困在那里。塔妮亚望着脚下的“平方阵”说：

“母亲，这块地怕是快装满噬数灵了。如果我们不赶紧再另找一块‘平方阵’，噬数灵就快无处可埋了。”

娜嘉问塔妮亚：

“这下面已经埋了那么多噬数灵吗?”

“是的。之前每天都有恶灵来袭，平均每天要埋 5 只左右吧。”

塔妮亚还说，园长家宅背后的地里已经埋了 1 万只以上了。卡夫有些诧异地问园长：

“为什么您一定要把它们都埋到地下呢?让它们逃走不好吗?它们吞噬园长的数体后只能回到那位王妃那儿吧?”

“是的，但是我不能那么做。”

“为什么?难道园长您的命运数中藏着许多‘宝石’吗?如果是这

样的话，我大概能猜到原因了，因为您不想让那个女人拿到宝石。”

“不，不是这个原因。构成我命运数的素数为两个 2、三个 3、三个 5 和一个 37。虽然 3 代表着宝石，但宝石最多也只有胡椒粒那么大。”

“那我就不明白了。5 和 37 都代表‘尖刀’，如果您让噬数灵回去的话，那个女人不是会遭到反噬吗？”

听到卡夫的话，园长有些为难地答道：

“可是那么做会违反神定下的规定。”

“什么样的规定？”

“‘没有神的许可，园长不可离开乐园，且不可伤害任何人。’”

就算是意图加害自己的人也不能反击吗？听到园长的回答，卡夫什么也没说。娜嘉心想：“虽说神定下了这样的规矩，但实际上怕是园长不想伤害王妃。可是王妃却毫不知情，反倒每天不断召唤噬数灵来咒杀园长。不，就算王妃知道，可能还是会觉得与自己无关。”娜嘉内心十分复杂。园长抬头静静地望着天空，

“可是……姐姐今天重新召唤噬数灵来攻击我……代表着她又可以咒杀他人了。”

为了收集情报，托莱亚昨天离开了乐园。现在她回来了，正准备去园长屋里汇报。园长一个人站在大厅里等着托莱亚。托莱亚进屋后，摘下头盔，跪在园长面前向园长汇报，

“昨晚，梅尔辛王国的国王去世了，国王所居城镇上的居民也全都死了，引起了轩然大波。他们一定都死于王妃的诅咒。”

托莱亚面色凝重。园长冷静地说：

“果真如此。既然她会召唤噬数灵来攻击我，肯定是已经解决了迫在眉睫的敌人。”

“但是王妃怎么还能咒杀他人呢？精灵们都从镜子里逃出来了，而且斐波那草也都被我带走了。她不可能轻易找到这两样的替代品。”

“这一点我也不是很清楚。不过事情已经发生了，我们只能去面对。”

托莱亚问园长：

“园长，您联系上‘走马灯数’大人了吗？我们从梅尔辛城逃出来的当晚，已经把‘通信镜’还给她了。”

园长点了点头，说：

“联系到了。通过这间大厅的通信镜，已经联络到了她的镜子。我把娜嘉和精灵们顺利抵达乐园的消息告诉了她，她也松了口气。不过那件事，她好像还是没有改变心意。”

听到园长的话，托莱亚耷拉着脑袋看着地面。

“果然，还是如此……”

“托莱亚，你不要难过，你心里也知道她是不会改变心意的。我都记不得自己劝过她多少回，希望她能打消这个念头，可是她就是听不进去，誓死要杀死王妃……”

说完，园长也低下了头。托莱亚又问道：

“那么她打算用什么方法去杀王妃？王妃可不是普通的武器和毒药就能杀死的。”

“她说‘要用咒杀的方法’，召唤噬数灵以牙还牙。”

“咒杀？可是王妃的命运数那么大，能行吗？”

“姐姐的命运数的确非常大，而且她坚信自己的命运数是‘祝福之数’——一个大素数。如果这是真的，那么她是无法被咒杀的。因为我们不可能找得到相应的素数蜂来召唤噬数灵。”

王妃的命运数是464052305161。如果这是素数，那么需要找到孵化周期为464052305161天的素数蜂蜂毒才行。可是，没人知道是否有孵化周期是464052305161天的素数蜂，就算真的有，找到的概率也非常低。因为这种极其特殊的蜜蜂数十亿年才会出现一次。

“实际上姐姐也认为自己是无法被咒杀的。不过姐姐的命运数并非素数，可以被‘分解’成4261、8521和12781三个素数。”

“原来如此。既然‘走马灯数’大人说要咒杀王妃，是不是意味着她已经找到了相应孵化周期的素数蜂了呢？”

“‘走马灯数’大人还在乐园时，已经拿到了4261号和8521号素数蜂蜂毒，说接下来要找12781号蜜蜂的‘蜂卵’。她只说了‘蜜蜂应该在五年后出生’……随后就离开了乐园。到今天正好五年过去了。”

听到园长的话，托莱亚心想：“‘走马灯数’大人应该是背着王妃，把用来取王妃性命的蜜蜂偷偷养在了药草田旁的小蜂屋里了。”

娜嘉已经从梅尔辛城逃出来了，如今只剩下她一人在密谋刺杀王妃。

只要王妃还想用娜嘉的命救回理查德，为了保护娜嘉，她一定不会放弃刺杀王妃。托莱亚想起与她告别前，自己曾对她说：“不管以后发生什么，我一定誓死守护娜嘉殿下，所以请您也尽早离开梅尔辛城吧。”只是她并没有同意。想到这儿，托莱亚再次低下了头。

“都是我的错。‘走马灯数’大人一定是认为我的能力不足以守护娜嘉殿下，所以她誓死不肯放弃杀死王妃的计划。”

“不，不是这样的，托莱亚。”

托莱亚抬起头看着园长。

“不用说，她肯定是想守护娜嘉的。但她心中充满了对王妃的憎恨，就算你能确保娜嘉的安全，她想刺杀王妃的心也不会动摇半分。她就是希望王妃——她的‘母亲’，能够从她的生命中消失。”

◈

园长在与托莱亚谈话前，已经吩咐塔妮亚陪娜嘉到屋外走走。屋前的庭院里洒满了暖洋洋的阳光。今天是个好天气，从庭院向远处望去，朗朗晴空下山峰连绵起伏，河流缓缓流过山脚汇入湖泊。

不过真正引起娜嘉注意的是庭院里晾晒的布，它们颜色各异，随风轻轻摆动。

“真美……”

娜嘉不由得赞叹。塔妮亚笑着说：

“娜嘉应该也擅长纺织和刺绣吧？看到你到乐园时身上穿的衣服，我就知道了。”

听到塔妮亚的赞扬，娜嘉羞红了脸点点头。

“不过院子里这些花纹的布我还是第一次见。”

“这些布和一般的布不同，是用于仪式典礼或除魔的。你瞧，那是母亲的新披风，正好替换早上被噬数灵弄坏的那件。”

塔妮亚指着一块上面有巨大正三角形图案的白布说。这块布的颜色和园长早上穿的那件不同，园长早上穿的披风是黑色的，披风上的图案是金色的。眼前这块布上的图案看起来像是蓝色，但实际上用了从深藏青色到水蓝色等很多种蓝色，连包边都是蓝色。娜嘉向前走了几步，仔细观察上面的三角形图案。

“这是……绣上去的呀！”

“没错。这叫‘结针绣’，特别费工夫。”

果然，披风上的三角形图案是由无数个小线结密密麻麻连接而成的。

“是谁绣的呀？”

“是我和母亲一起绣的，有时候也会请家里其他人帮忙。今天早上你也看到了，披风是消耗品，最多只能抵挡住十只噬数灵的攻击，用完就坏。”

“这种也是锯齿纹吗？”

听到娜嘉的疑问，塔妮亚笑着说：

“看来你知道得也不少呀。没错，锯齿纹就是可以粉碎恶灵的‘除魔齿’，披风上的‘命运三角纹’是一种特殊的锯齿纹。娜嘉，你猜这里面一共有多少个‘线结’？”

娜嘉摇了摇头，图案中的线结看得娜嘉眼花缭乱。塔妮亚紧接着说：

“有 499500 个。”

499500，娜嘉马上意识到为什么是这个数。

“这是园长的命运数呀。”

“是的。所谓‘命运三角纹’是指三角纹的线结数量与主人的命运数相同，也就是主人专用的除魔纹，所以具有极强的除魔防御力。”

娜嘉研究起布上的花纹。三角纹的顶点是一个线结，第二行有两个线结，第三行有三个。往下数，每行的线结数分别是四个、五个、六个……，依次规律性递增。

“这个三角纹……不是随意用线结填出来的，每一行的线结数是从

上至下有规律地递增的。”

“是的，只有这样的三角纹才有驱魔的作用。”

“不过，三角纹的线结数正好等于园长的命运数——499500，太厉害了！”

“因为母亲的命运数是第999个‘三角形数’，所以正好能组成一个三角形。”

娜嘉问塔妮亚什么是“三角形数”，塔妮亚告诉娜嘉，三角形数是从1开始，能够表示成三角形形状的总点数，譬如1，3，6，10……

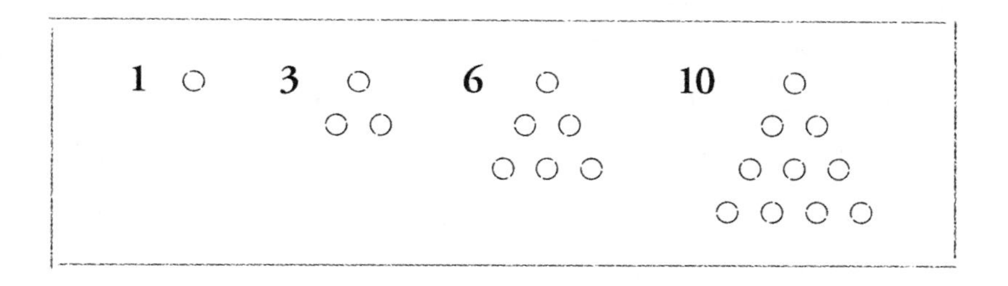

“三角形数也是从1开始的正整数逐个相加之和。比如3是1加2之和，6是1加2加3之和，10是1加2加3加4之和。”

娜嘉一边听塔妮亚说话，一边感慨园长的命运数真是太特别了，不仅是“平方分割还原数”，还能组成如此完美的三角形。

“园长的命运数真了不起。”

“是啊。不过母亲总说，命运数只不过是一个人从娘胎带出来的一个特征而已。”

“可是……”

娜嘉心中十分羡慕，尤其想到自己的命运数只不过是“理查德的备用数”，羡慕之情更是溢于言表。

“你一定很羡慕吧？不过，命运数由不得自己选择。我的命运数很普通，所以以前我也一直渴望能够拥有一个厉害的命运数。但是，现在我已经接受并喜欢上了自己的命运数。”

塔妮亚笑着说。看到塔妮亚的笑，娜嘉感觉自己被治愈了。

“而且，这种三角纹布并不是只有像母亲这样的‘三角形数’才能用。”

“怎么说？”

“你过来。”

塔妮亚从里侧拿出了一块晾晒好的布。

“这上面也有‘命运三角纹’，不过是我专用的。”

这是一块蓝布，底边部位用绿线绣了三个绿色的三角形图案。

“园长专属的三角纹只有一个，但是这块布上有三个。”

“因为我的命运数不是‘三角形数’，没法正好组成一个三角形，但是可以分成三个三角形，线结总数也正好等于我的命运数。也就是说，我的‘除魔齿’是三个。”

“你的意思是说，命运数不是三角形数的人也可以拥有自己的‘命运三角纹’披风吗？”

“当然。不过有规定，‘除魔齿’不能超过三个。”

“不能超过三个……如果有这个规定的话，那不就代表有些人无法拥有自己专属的驱魔布吗？”

面对娜嘉的疑问，塔妮亚摇了摇头，说：

“任何数都可以用一个、两个或者三个‘三角形’表示。所以‘任何人’都可以使用自己的专属驱魔布来保护自己。只要知道那个人的命运数，知道用几个什么样的三角形表示就可以了。”

“真的吗？”

这意味着每个人都可以用这个方式有效抵御那可怕的“咒杀”。塔妮亚继续说：

“所以我们也积极向外面的人推广这种纹样，可惜外面很少有人知道自己或他人的命运数，所以并没有取得什么效果。我母亲是乐园园长，是得到了神的祝福的人。只要是她触碰到的人，她就能看到那个人的命运数，可是她不能离开乐园呀。没办法，我们只能尽力向外普及躲避恶魔之眼的方法，但是这个方法也成效不大。”

听到塔妮亚的话，娜嘉在心里直叹可惜。正在这时，一阵大风吹来，晾晒在庭院里的布被吹得簌簌作响。娜嘉注意到里面有一块大尺寸白布，上面用金线绣了一个大三角纹图案。这块白布特别大，不用说制作披风了，铺在床上作床单都绰绰有余。

“那是……？”

娜嘉指着布问。塔妮亚答道：

“啊，那个呀。听说是为我母亲的姐姐，也就是那位王妃准备的。”

“啊？”

“是她们的母亲，也就是我的外婆以前做的。因为一直放在衣橱的话驱魔布就会失去驱魔力，所以母亲经常把它晾在外面。”

娜嘉有些不解，为什么园长还留着王妃的披风？虽说是亲姐姐，但是那位王妃每天都会召唤噬数灵咒杀园长，难道不该是敌人吗？塔妮亚像是看出了娜嘉的心思，对娜嘉说：

“你是不是在想为什么园长还要替她留着披风？我以前也不理解母亲为什么要这么做。”

娜嘉诚实地点了点头，问道：

“园长……不讨厌王妃吗？”

“说‘讨厌’不知道是否合适，但肯定没有好感。那位王妃是‘第一人’的直系子孙，而且还是家族的长女，按理应该留在乐园，可是她却违反规定离开了。”

塔妮亚继续说：“为了避免在乐园出生的‘第一人’的直系子孙被

‘影’诱惑，没有神的许可他们是不可以离开乐园的。王妃作为前任园长的长女，本来应该谨遵神谕。但是外婆心疼王妃，向神祈愿为她求得了短期外出的许可。条件是，假如女儿没能按期归来，作为其母亲的外婆需以命受罚。也就是说，为了帮自己的女儿实现愿望，外婆用自己的性命做了担保。当然她心底是相信女儿会如约归来的，可是那个女儿出去后再也没回来。”

于是，在王妃的母亲过世后，王妃的妹妹只能代替王妃成了新园长。

塔妮亚的话让娜嘉十分难受，娜嘉脑海中回荡着王妃那句令自己不堪想起的话：

“毕竟，这就是让你活着的价值。”

那位王妃从来不把人当人看，那位王妃杀害了碧安卡，还深深地伤害了自己。悔恨、愤怒还有无尽的悲伤压在娜嘉的心上，压得她喘不过气。

“不，我受不了了！”

娜嘉意识到，其实很早之前——真正知道王妃的恶行之前，王妃就伤害了自己，所以自己心里也是一直憎恨王妃的。只是因为自己内心无法承受这份憎恨的沉重，所以才不敢面对，才一直假装没看到自己内心蠢蠢欲动的黑色猛兽，因为不这么做就无法守护心底的真善美。而且如果自己被心中的黑色猛兽所控制，不仅会毁了自己，还有可能伤及他人。

虽然现在已经离开了梅尔辛城和王妃，但娜嘉知道自己心里的创伤并未痊愈。而且伤害还在持续，被王妃这样的人，被允许王妃这样的人存在的这个世界。

不知塔妮亚是不是察觉到了娜嘉的想法，她继续说道：

“……也就是说，那位王妃是牺牲了母亲和妹妹才换来了自己的自由。可她竟然还每天召唤噬数灵来攻击妹妹。虽然我母亲总能泰然处之从容应对，但是我很气愤，我无法忍受王妃的所作所为。终于有一天，我把自己心里的想法都告诉了母亲——虽说神定了那么多规定，但是一直这样不做任何反击，我无法忍受。能对亲妹妹如此心狠手辣的人根本不配活在世上。"

娜嘉非常理解当初说这话时塔妮亚的心情。

"那园长怎么说？"

"母亲是这么回答我的——无论是否有血缘关系，要想与他人保持'良好的关系'并不容易，这需要坚持不懈的努力。有人历经挫折想要翻越这困难，也有人从一开始就打了退堂鼓。被这样的人伤害，你不需要原谅他们，也不需要回避内心对他们的憎恨。但是你一定要想清楚'自己应该怎么做'。于是我说'当然只能报复啊'，但是母亲对我说了下面的话——'当然，报复也是一种选择，不过肯定还有别的选择。我一直在想，在我做选择时，我是自由的。正因为我是自由的，所以我才会选择不被一时的情感蒙蔽去报复姐姐，选择遵从神意，不伤害他人。'"

塔妮亚的话令娜嘉再一次认识到了园长的伟大，只是她觉得还是有些不能理解。

"可是，这只有园长才能做得到吧？"

换句话说，娜嘉认为自己只是一介平民，怎样也无法达到园长的高度。塔妮亚却笑了，说：

"当时我也和母亲说自己做不到。可是母亲却和我说，没必要任何时候都要做到自由选择，因为世上根本没有人能做到。但是在遇到紧急情况的时候，你要去想'当下，面对这样的情况'，自己要做什么。"

也就是说，要做到集中精神思考当下面对这样的情况自己该怎么做。

原来应该关注“当下”。娜嘉心想，如果碰到那样一种特殊的情况，或许自己也会做出和园长同样的选择。

娜嘉内心的沉重似乎得到了些许释然，虽然她还是无法完全理解园长的心情，但是塔妮亚的话或许可以令自己学会面对内心的憎恨。

恐怕王妃从来没有想过要去尊重别人吧，因为她从来都不在乎自己是不是伤害了别人。事实上王妃的确深深伤害了自己，但或许这和自己决定“当下”要做什么是两码事。如果自己做事能谨慎些就好了。

“塔妮亚，谢谢你！”

“为什么要谢我？”

“因为，我……心里变得轻松些了。”

“你怎么了？”

娜嘉犹豫片刻后，把自己的所感所想全部告诉了塔妮亚。在别人面前揭露自己的伤痛和内心的阴暗是很痛苦的事情，因为只有直面不逃避才能真正地剖白。娜嘉努力正视自己内心的阴暗和丑陋，然后不加掩饰地告诉塔妮亚。塔妮亚仔细聆听和理解娜嘉的每一句话。等娜嘉说完，塔妮亚抬头望着天空说：

“娜嘉你真坚强！你知道吗？人类只有在贯彻神意时才能进入镜中世界。换句话说，因为娜嘉你是被神选中的人，所以才能够进入精灵的镜子里。母亲曾说过，神选择娜嘉是因为娜嘉勇于探求自己的内心。直到刚刚听了你的话，我才明白母亲为什么会那么说。”

塔妮亚这么说，娜嘉一时不知该怎么回答，但是她的心里感到暖暖的。

“我认为娜嘉你一定没问题，我更担心的是你姐姐……”

话还没说完，塔妮亚猛地闭上了嘴。但是娜嘉已经听到了，娜嘉立刻意识到塔妮亚后面要说什么。

“我的姐姐……碧安卡？你知道碧安卡？”

塔妮亚看起来有些窘迫。塔妮亚刚刚的确说了“担心”“你姐姐”等几个字眼，这难不成意味着……

“还活着？碧安卡难道还活着？！”

面对娜嘉一连串的追问，塔妮亚没有说话，点了点头。

太不可思议了！娜嘉着急地追问道：

“在哪？碧安卡在哪？”

“……母亲不让我告诉你。”塔妮亚站起身，继续说，“真拿你没办法，我带你去找我母亲吧。”

第八章

走马灯数

“遵命。”

她毕恭毕敬地回答王妃。话音未落，王妃已扭向一边。王妃总是这样，说完就把别人当空气。虽然王妃认为她“毫无价值”，但是她必须装出对她的顺从和恭敬。虽然这让她很受伤，她也知道无论做什么都不可能得到王妃的认可，但是她还必须努力成为王妃所依赖且不给王妃添麻烦的人。

她自幼如此，从未改变过。而且，她“现在的样貌”正好诠释了她内心的阴暗。简朴不加装饰的黑衣，被眼罩遮住了一半的面孔。她感觉自己快要变成那个女人的影子了，她从小就是这么活过来的。她想，所以在“那个时候”，自己才会变成“现在的样貌”吧。

但她又觉得，也许这才是真正的自己：畏惧支配自己的人，无条件地服从所有命令，把自己视为空气，等待着支配者的怜悯。这都是为了不被杀，为了能够继续活下去，为了观察敌人，等待对方暴露弱点。

当然，她的“其他的样貌”也体现了自己的性格。比现在“高一个等级”的样貌——栗发孩童，是那个惴惴不安，只知道向他人索取的自己。“高两个等级”的银发女子，则展现了她具有攻击性的一面。那么比现在“高三个等级”和“高四个等级”会是什么样子呢？不知道，因为她自己也都还没见过。“第五个等级”的样貌是她天生的样貌，但她没有展现过，那个外表的她就像“王妃的复制品”，她从未想过变回那个样子。

她认为，果然还是现在的样貌最适合自己：这张几乎不会有任何表情的脸，可以掩盖她胸中的憎恨之火；身上的一袭黑衣，也可以隐藏她心里的“阴暗情绪”。

“我，无所不知。”

王妃总是把这句话挂在嘴边。她认为王妃真是天真。如果王妃真的是无所不知，怎么会没发现“已经死了的女儿”就在身边，怎么会不知道女儿心里埋藏着的憎恨。王妃根本不知道什么是隐匿情感。原因很简单，因为王妃从来都是我行我素，从没被人苛责过。所以王妃根本想象不到自己看到的“俯首帖耳”其实是“虚与委蛇”。在王妃的眼里，所见之事就是真相。

几天前，王妃被丈夫背叛，她的儿子也被暗杀，这让王妃张皇失措。这是她第一次看到王妃被逼得无路可逃，她心里产生了一种愉悦的感觉。她发现，与憎恨相比，愉悦反而难以掩饰，不过这种感觉很快就消失了。

王妃又开始诅咒别人了。

虽然遭到了丈夫的背叛，可是王妃并没有把梅尔辛城的防守问题放在心上，反而命令她去重新提取蜂毒，而且是多种类、大剂量的。今天早上听说国王在厄尔多大公国境内去世的消息，显然，这一定是王妃干的。

王妃是怎么恢复诅咒之力的？她还不清楚，但是最近这段时间诗人频繁进出“实验室”，像是在与王妃密谋着什么大事。那个男人到底什么来头？从第一次见到诗人，她就知道他绝对不是省油的灯。国王离开梅尔辛城后，王妃与诗人之间的交谈变得更加频繁，而且诗人还重新开始种植“斐波那草”。

她离开王妃的寝殿，朝药草田走去。药草田里，诗人重新种植的植物已是满满一片。

表面上看来，诗人做的都是为了王妃，但是她知道，诗人至少在某个方面已经欺骗了王妃。她的视线落在了药田里的植物上。

“从这些‘花头数’来看的话……他骗得了那个女人，但骗不过我的眼睛。”

看来是王妃高估了自己的魅力，坚信诗人是自己的裙下臣，根本没发现诗人内心的真实目的。这多么可笑。她的脸上依旧不露声色，但是一侧的嘴角微微上扬。突然，她感到那早已愈合的旧伤——左眼上方的那道伤疤在隐隐作痛，痛感将她拉回到了现实中。

那个诗人究竟是敌还是友？她想了一下，但很快中断了思绪。因为“蜂毒”很快就能集齐了，那是召唤噬数灵攻击王妃时所需要的第三种素数蜂蜂毒。

她打开蜂屋的门。蜂屋里没有灯，黑漆漆的，虽然她什么都看不到，但她知道蜜蜂能够感知到自己的存在，并且都在等着她下命令。她的耳边渐渐响起蜜蜂扇动翅膀的声音。

“我的小小朋友们，请你们一定要在这最后阶段助我一臂之力。”

是的。这几天不管发生什么，一切都将“结束”。

园长有些为难地对娜嘉说：“本来不该让你知道……娜嘉。你的姐姐，碧安卡还活着。”

娜嘉瞪大了眼睛，喊道：“在哪？！她在哪？”

园长闭了下眼睛像是下定了决心，又直视着娜嘉说：

“碧安卡，她还在梅尔辛城。准确地说——为了帮助你和精灵们，这四年，碧安卡一直在梅尔辛城，她就在你的身边。”

站在大厅里的托莱亚听到园长的话，露出了悲痛的表情。娜嘉的脑子十分混乱，说道：

“您说碧安卡一直在梅尔辛城……这是怎么回事?”

正在这时，卡夫推门而入，轻轻地坐到娜嘉身边，说：

“娜嘉的姐姐就是那位黑衣女子吧?”

“卡夫先生已经知道了?”

“是的。因为那位黑衣女子常常用镜子和我们联系。我们早就知道她不是普通人，虽然她不能像娜嘉一样钻进镜子里，但是她可以在镜子里看到我们。虽然她好像听不到我们在镜子里说的话，但她说她知道我们的‘事情’，而且一直在准备帮助我们。”

卡夫对一头雾水的娜嘉说：“她好像是叫玛蒂尔德。”

“玛蒂尔德……？怎么可能?!”

在娜嘉看来，玛蒂尔德和碧安卡完全是两个人。虽然玛蒂尔德长得也很漂亮，但是她的五官和体形与碧安卡完全不同。而且，玛蒂尔德不是“养蜂族”的人吗?

“但是，娜嘉，真的就是她。八年前，除了你，其他‘算士’都死了吧？当时命悬一线的碧安卡得到贵人相助才捡回了一条命，在那之后她变成了另一个样子。”

那个面若冰霜，操控可怕的蜜蜂帮助王妃实施咒杀的玛蒂尔德，竟然是自己心中那个温柔的碧安卡？娜嘉暂时还无法接受这个事实，但是她仍努力在心中顺着逻辑梳理已经发生的事情。如果玛蒂尔德就是碧安卡，那么给自己写信让自己“找镜子”的人肯定是玛蒂尔德。还有，指示自己把“镜子”藏到指定地点的也一定是她，还有……

娜嘉突然问托莱亚：“托莱亚，你早就知道玛蒂尔德是碧安卡对吗?”

托莱亚不好意思地承认了。

“托莱亚，帮助我从神殿逃出来的不是碧安卡也不是玛蒂尔德，是一个我从没见过的人，她是谁？”

“你说的是一位银发女子吧？”

“是的。”

“那也是碧安卡殿下的另一副样貌。”

那也是……？娜嘉稍稍冷静下来的大脑再度陷入混乱，碧安卡身上究竟发生了什么。但是……

碧安卡还活着。

想到这儿，娜嘉激动得不行。碧安卡没有死。不仅如此，她还一直以别人的身份守护在自己身边。泪水夺眶而出。园长、托莱亚和卡夫没说话，静静地看着娜嘉。过了一会儿，园长说：

“碧安卡是拥有‘走马灯数’之人。她的原始命运数是 857142，以驯蜂者身份呈现出的‘玛蒂尔德’，其当前的命运数是 142857。”

娜嘉噙着泪抬头问：

“‘原始命运数’和‘当前命运数’是怎么回事？”

确实，如果没有特殊情况，命运数一般是不会发生变化的。

“没错，‘圣书’中记录在册的命运数原则上一般是不会发生变化的，但是有几种情况例外。一种就是之前卡夫身上出现的‘命运数泡沫’，另一种就是碧安卡命运数中的‘循环数’。”

“那是什么……”

“刚才我说碧安卡的原始命运数是 857142，当前命运数是 142857，对吧？你注意到有什么特别的地方吗？”

857142，142857。娜嘉马上反应过来。

“这两组是由相同的数字构成的，只是排列顺序不同。”

“没错。而且 857142 是 142857 的 6 倍。”

据园长所说，142857 的 2 倍至 6 倍数都“只是改变各数位数字的排列顺序”。142857 的 2 倍是 285714，3 倍是 428571，4 倍是 571428，5 倍是 714285，6 倍是 857142。

“这些数之间的变化会被监管‘圣书’的神使忽视，而且拥有这些命运数的人也不会因为命运数发生变化受到伤害。但是命运数每发生一次变化，其外形也会随之改变。”

“所以……”

所以碧安卡才会变成“玛蒂尔德”的样子。

“帮助你逃跑的‘银发少女’是碧安卡的另一种变身。只是我不知道她变成银发少女时，命运数变成了多少。”

园长说起她初识碧安卡时的情形，那是五年前的事了。

“碧安卡——当时已经变成了‘玛蒂尔德’，和‘养蜂族’一起到了乐园。”

养蜂族通常是一边养蜂一边游历，每隔几年都会来乐园一次。

“养蜂族的人说，他们在城外看到碧安卡被噬数灵追杀，于是出手救下了她。离开梅尔辛城后，碧安卡曾遭到了他们饲养的蜜蜂群的围攻。或许这就是激发碧安卡‘变身’的诱因。在那之前，王妃传召养蜂族到梅尔辛城，要求他们进贡大量珍稀蜜蜂。王妃还留下了一位管理蜜蜂的年轻人，将其余人遣出了城。养蜂族出城后撞见了碧安卡。

“养蜂族的人说，‘蜜蜂主动救了那位姑娘’。在包围碧安卡的蜜蜂群中，有几只蜜蜂刺伤了她。其中有 3 只繁殖周期为 3 天的素数蜂，繁殖周期为 5 天、11 天、13 天和 37 天的素数蜂各 1 只。把这些数相乘，即 $3\times3\times3\times5\times11\times13\times37$。”

娜嘉正在努力计算，卡夫先一步答出：

“714285，对吗？”

“是的。受蜂毒作用影响，碧安卡的命运数中减去了这个数。”

这次娜嘉很快计算出了答案。$857142-714285$ 等于 142857，即

“玛蒂尔德”的命运数。

“一般人被素数蜂刺伤和被普通蜜蜂刺伤是一样的，会出现皮肤刺痛及红肿的情况，命运数不会发生改变。但是碧安卡不同。”

碧安卡被蜜蜂刺伤后，命运数发生了变化，这也帮助碧安卡躲过了噬数灵的追杀。因为噬数灵的目标是碧安卡的原始命运数——857142。

碧安卡获救后随养蜂族一起游历，并且学会了操控蜜蜂的方法。渐渐地，她越来越想返回梅尔辛城。

“五年前，养蜂族带碧安卡到乐园来时希望可以打消她回城的想法。因为如果回城后被王妃识破，她只有死路一条。我劝她不要回去，但是她仍旧坚持……碧安卡说，她的妹妹还在梅尔辛城，她要回去把妹妹救出来。”

“为了救我出城……”

“是的。碧安卡似乎知道王妃收你做养女的原因，就是如果理查德王子发生危险，王妃就会立刻杀了你。最后我放弃了对碧安卡的劝说，送给她一枚小型‘通信镜’，希望多少能帮她一点儿吧。有时候她会通过镜子和我联系。不过我不知道那枚镜子里可以看到被王妃囚禁的精灵，更没想到娜嘉你能够进到镜子里。也不知道是什么样的机缘巧合让碧安卡发现了这些，然后利用通信镜帮助你和精灵们逃了出来。”

娜嘉双手捂着胸口，原来碧安卡是为了帮助自己才冒了这么大的险。可娜嘉不明白为什么碧安卡现在还留在梅尔辛城。

“那个……我逃出来了，精灵们也得救了，为什么碧安卡还要留在梅尔辛城?”

娜嘉不解地问。园长面色悲痛，说道：

“啊，我不能告诉你。如果你知道了她留在梅尔辛城的原因，你肯定会为了碧安卡再回去。我不希望你回去，而且碧安卡也不希望你回去。所以，你不要再问了……”

娜嘉摇摇头，哀求道：

“请您告诉我吧，求您了！”

园长见不得娜嘉诚恳哀求的表情，闭上眼睛说：

“碧安卡留在梅尔辛城是因为憎恨。她最近要去刺杀王妃，对王妃召唤噬数灵。”

王妃盯着水晶球，不住发出啧啧称赞：“太美妙了，啊，多么美妙啊！竟然有这么方便的东西。”

透过水晶球，王妃清楚地看到了远离梅尔辛城的厄尔多大公国的乡村，甚至还能看到农田里正在干活的农夫。

“这座村庄对‘恶魔之眼’毫无防备，就让我取了你们的性命吧。”

水晶球是诗人带来的，通过它可以看到与梅尔辛王国接壤的所有国家的每个角落。当然了，必须是无法抵挡“恶魔之眼”的地方。

王妃一边窥视着水晶球里的变化，一边对着镜子调配素数蜂蜂毒，很是忙碌。并排放置的几个黑色陶壶中，噬数灵一只接一只飞了出来。紧接着，王妃又迫不及待地看向水晶球。噬数灵的飞行速度非常快，王妃激动地盯着水晶球，没过几分钟就看到噬数灵出现在水晶球里，现场一片混乱。

水晶球中，人们或被噬数灵生吞进肚，或被吓得浑身乏力像玩偶般瘫倒在地，男女老少全被吓得手足无措。看到这一幕，王妃竟咯咯笑出了声。突然，王妃严肃起来。

“下面轮到我了。”

原来是噬数灵要回来了。王妃闭上双眼，双臂交叉挡在脸前。不管怎么挡，噬数灵带回的“尖刀”毫不留情地划在了王妃身上。王妃把自己想象成与狂风骤雨作斗争的大树，咬紧牙关忍受着尖刀划在身上的痛。终于，噬数灵全部回到了壶里，留给王妃的是脸上和身上多处可见的伤口。

“啊，痛死我了！”

王妃故意大声喊道。诗人闻声连忙走进屋里。

“啊，王妃殿下。您受了这么多伤，真是太可怜了！”

“快点儿给我上药。”

“好的，我早就已经准备好了。”

王妃闭上眼睛，她感到诗人轻轻地为自己的伤口涂上斐波那草制的药膏，痛楚随即消失了，伤口也立刻愈合了。王妃觉得诗人制作的药膏功效比以前玛蒂尔德制作的要好得多，所以她现在才能频繁地咒杀更多的人。就这一点来说，或许应该感谢诗人，但王妃从来不会感谢任何人，反而故作撒娇地责备诗人：

“我问你，昨晚你去哪了？留我一个人孤苦伶仃。”

诗人找了诸多借口为自己辩解，但是王妃根本不在意诗人的回答，自顾自地接着说：

“不过，有了你的水晶球，我才能干脆利落地杀了我那愚蠢的丈夫。刚刚我一个人就咒杀了那么多人呢，怎么不表扬下我？”

王妃向诗人描述了国王和他的情人临死前的样子：“昨晚那个愚蠢的国王召集骑士，准备布置攻打梅尔辛城的计划。当他看到噬数灵突然出现后，你知道他有多害怕吗？别说那些想要守护他的骑士了，就连向他求救的情人都没顾得上，一个人抱头四处乱窜。不过最后还是被噬数灵给吃掉了，那样子可真是惨不忍睹。我已经很久没看噬数灵生吞人的场面了，以前没有‘镜子’的时候倒是常常会看。”

早在拿到精灵的演算镜前，王妃就已经开始使用诅咒杀人了。那时，她总是先让祭司们占卜出诅咒目标的命运数，再让侍女长、碧安卡和算士们去“分解命运数”。不过那会儿她的咒杀很少能够顺利完成。当时为了了解整个咒杀过程，王妃常带着装着调配好的噬数灵的黑壶走到咒杀目标附近，当场召唤噬数灵，然后看着噬数灵把目标吃掉。

“拿到精灵的演算镜前，我的诅咒几乎没成功过，我永远记得第一次成功完成咒杀的情景。那是十二年前……”

王妃陶醉地说起自己第一次成功咒杀他人的情形，诗人崇拜地看着陶醉在回忆中的王妃，时不时地附和赞美王妃：“太了不起了！”

“话说回来王妃殿下，请问现在镜子运转是否正常？”

诗人已经将几百只人造精灵放入了镜子里。

“正常，而且现在的运算速度比之前真正的精灵还要快。”

听到王妃的回答，诗人立即表示能为王妃服务是自己的荣幸，接着又问王妃“宝石”收集得怎么样了。王妃把黑壶里的宝石哗啦啦全部倒了出来，红色的天鹅绒布上洒满了大大小小的宝石，每一颗都是那么光亮夺目。

“哇，还有这么大的宝石！但是这离我们的目标还差得远。”

王妃的目标是524287，她必须要收集到相当于这个数的宝石，因为……

“这将会成为你的新命运数。”

虽然这个数比王妃本身的命运数要小得多，但是这个数是“不老神数”，也就是它的拥有者将会不老不死，永葆青春。

“王妃殿下是否打算在后天的生日宴上向大家公布‘那件事’？我们必须抓紧时间。”

没错。王妃在脑海中幻想着后天的生日宴，那一天将诞生出一个新的自己。在诗人的催促下，王妃再次看着水晶球里的情形。

◈

在乐园的“镜湖”旁，精灵们陷入了混乱。麦姆他们从清晨开始祈祷，希望能够借助平静的镜湖找到花刺子模森林当前的所在位置。直到傍晚，湖面上才投射出他们怀念的故乡的宫殿。但是他们等来的是一个噩耗。

加迪王不见了。

加迪王的近身侍卫长裕十分痛苦地告诉麦姆，就在王妃抢走演算镜把麦姆他们一起带走后不久，“影”也掳走了加迪王。

“加迪王被‘影’掳走了？！怎么回事?!”

湖面另一头的尤德愧疚地说：

“麦姆先生，对不起。我们当时马不停蹄地追赶‘影’，但是跟丢了……”

尤德说，加迪王和麦姆等神官消失后，花刺子模森林群龙无首一片混乱。光是解决花刺子模森林的混乱和寻找加迪王，就已经令他们精疲力尽了。麦姆深知尤德的不易，更无法责备尤德失职。可是还没等细谈接下来的打算，一阵晚风吹来，湖面泛起阵阵涟漪，中断了麦姆他们和花刺子模森林的通信。

“加迪王不见了……我们该怎么办?!”

达莱特无法接受这个事实，他揪着头发大叫。虽然格义麦勒没有说话，但是面色苍白。麦姆痛苦地逼自己接受这个事实。本来他以为只要能逃出镜中世界，只要卡夫获救了，所有问题就迎刃而解了。可是现在家里却说加迪王不见了，而且还是被‘影’掳走的，这是最糟糕的情况。他多么希望这是假的啊，可是发生了就是发生了，他只能面对。麦姆回头看向身后的扎因，扎因是加迪王的弟弟，肯定比自己，不，比在场的所有人都难过。眼下必须安抚扎因让他不要着急。

可是扎因只是皱着眉头，仿佛在思考着什么。虽然扎因不是那种会因为一点儿小事就急得上蹿下跳的精灵，但是他现在这样冷静的表现有些奇怪。听到麦姆叫扎因，达莱特和格义麦勒也纷纷看向扎因。达莱特担心地对扎因说：

“扎因，别冲动！你现在的心情我理解，但是越是这样的时候越不能着急，我们会一直在你身边！”

不过在麦姆眼里，安慰扎因的达莱特还没有扎因冷静。

“扎因，你在想什么？”

被麦姆这么一问，扎因看了一眼麦姆，然后看着地面说：

“其实……我在想，或许，只要不那样就好了。啊，不，我希望……”

“你到底在想什么？”

“其实在逃出镜中世界前，我曾有好几次感觉到加迪就在我们附近。”

“你说什么？真的吗？”

扎因点点头。因为精灵间有种特殊的感应，只要相距不远，哪怕互相看不见，都能感应到对方的存在。而且血缘关系越近，这种感应就越明显。更何况扎因和加迪还是双胞胎兄弟。

“……你没搞错吧？”

“不会错的。”

扎因低头叹了口气，断断续续地说：

“我在想……加迪……我们的王，也许就在那座梅尔辛城里。”

扎因的话令人十分不安。格义麦勒提心吊胆地说：

“加迪是被‘影’掳走的吧？也就是说‘影’也在梅尔辛城？”

格义麦勒说完，大家都陷入了沉默。虽然没有人说话，但是大家都在心底做出了决定，必须返回梅尔辛城，回到被那个恐怖的女人统治的梅尔辛城。麦姆率先发声：

“……不好意思各位……我认为我们不能带卡夫去。那家伙刚在鬼门关前走了一遭，不能再让他担惊受怕了。”

大家一致赞同，认为应该把卡夫留在乐园。突然，远处传来呼喊声：

“伙伴们！”

是卡夫。看到卡夫，大家心里一惊，要是刚才的对话被卡夫听了去，该怎么和他说呢？卡夫急冲冲地跑过来，慌张地指着西边的天空说：

“糟糕了！快看那儿！”

大家同时顺着卡夫指的方向看去。

“那是……”

天空中黑压压一片十分古怪，过了一会儿才渐渐清晰。是虫群吗？不，不是。

“是噬数灵……”

麦姆他们不敢相信自己的眼睛，天上竟然有这么多噬数灵。说时迟那时快，大群的噬数灵挡住了晚霞，黑压压地挤满了天空。扎因轻声说：

“噬数灵是从梅尔辛城方向来的，看样子目标是厄尔多大公国。不对……那是……？”

一部分噬数灵离开了大群，朝着另一个方向飞去，由点变得越来越大。

它们朝这边飞过来了！

目标是山冈上的园长家。

“又是来攻击园长的呀，今天早上不是已经来了一波吗？”

格义麦勒喃喃自语道。麦姆心有同感，可是……

麦姆总有种不好的预感。

没等想清楚，麦姆拔腿就往山冈跑。

碧安卡要杀王妃？娜嘉不敢相信自己听到的话。碧安卡那么温柔，怎么做得了那样的事情？不过园长的话让娜嘉重新认识了碧安卡，原来碧安卡心里竟是那么憎恨王妃。小时候，娜嘉曾经告诉碧安卡自己不喜欢王妃，当时碧安卡听了还十分痛心："她可是我们的母妃殿下啊。"娜嘉认为碧安卡说这句话时是真心的，在她心里王妃就是至高无上的母亲。所以后面王妃对她有多无情，她受到的伤害就有多深。

可是，召唤噬数灵杀王妃太危险了。更令娜嘉吃惊的是，如果碧安卡召唤噬数灵杀了王妃，那么碧安卡自己也会死。因为王妃的命运数可以分解成 4261、8521 和 12781，这三个数都是尖刀。一次遭到三个这么大数值的尖刀反噬，碧安卡肯定没有活路可言。

娜嘉十分着急，必须赶在碧安卡动手前阻止她。可当娜嘉说要回梅尔辛城说服碧安卡时，园长坚决不赞成。

"我十分理解你的心情，但你应该也很清楚梅尔辛城十分危险。如果你回去后被王妃发现了，也是必死无疑啊。"

园长的话没有动摇娜嘉返城的决心。园长见状继续说道：

"如果可以，我也想救碧安卡。或许你能够说服她放弃，但是如果你毫无准备就回梅尔辛城，那太危险了。要是王妃召唤噬数灵来杀你和碧安卡，你怎么办？"

"那……我……"

娜嘉最先想到的是"命运三角纹"披风。听了娜嘉的想法，园长说："那的确是件具有强防御力的武器，但是它最多只能抵挡 10 只噬数灵的攻击，要是噬数灵超过10只呢？”

“嗯……还可以用今天早上塔妮亚捕捉噬数灵使用的网……”

“你是说捕兽网吧。不过捕兽网用起来没那么简单，你可以吗？”

被园长这么一问，娜嘉心里突然没了底，但还是逞强地点了点头。她觉得这个时候只能说自己可以。

这时，坐在娜嘉身旁的托莱亚猛地抬起头看了看天花板，然后迅速站起身看着园长，像是想告诉园长些什么。

“我知道。”园长点了点头，并让托莱亚坐下。娜嘉有些奇怪，不过很快她也意识到了为什么托莱亚会有那样的反应。空气中涌动着一种异样的压力，娜嘉全身的汗毛都竖起来了。没错，是噬数灵来了。

“又是冲着园长来的吧？”

不过园长完全没有站起来的意思，只是向塔妮亚做了几个手势。园长没穿三角纹披风，大厅里也没贴构建“平方阵”的咒符，只有里面的置物架上有几个捕兽网。这也太危险了。

塔妮亚打开屋子角落的柜子，从里面取出一件绣着银色大三角纹的绯红色披风。娜嘉一眼就认出了上面的“命运三角纹”。只是塔妮亚没有把披风给园长，而是把它披在了娜嘉身上。

“啊，我？为什么……”

园长对娜嘉说：

“这是乐园的村民为你赶制的披风。噬数灵就要来了，这次它们的目标是你。”

天啊！一想到噬数灵，娜嘉的手开始止不住地颤动，全身不寒而栗。园长让娜嘉站起来，但是娜嘉却感到自己双腿僵硬，仿佛不听使唤。一旁的托莱亚看不下去了，跑到娜嘉旁边，让娜嘉倚着自己的肩膀站起来。托莱亚说：

“园长！我们该把娜嘉带到哪儿避一避？”

“哪儿也不去！”

托莱亚和娜嘉听到园长的回答都愣住了。

“娜嘉，刚刚你说你想帮碧安卡对吗？如果你真的想帮她，那么你必须自己面对并解决下面的这群噬数灵。托莱亚，你不能帮忙。”

“可是……”

托莱亚不安地看看园长再看看娜嘉。脸色苍白的娜嘉自己努力站了起来。园长朝塔妮亚示意，于是塔妮亚把5只捕兽网交到娜嘉手里。娜嘉立刻明白了，园长是让她用捕兽网和三角纹披风去抵御接下来的噬数灵。娜嘉深深吸了口气，心里才稍稍平静了些。可是当她看到一只噬数灵穿过墙壁飞向自己时，还是被吓得六神无主，乱了分寸。

看到因害怕失声痛哭的娜嘉，园长立马大声喊道：

“娜嘉！别动！仔细看它！”

听到园长的话，娜嘉努力忍住不哭。张着大嘴的噬数灵露着锋利的尖牙朝娜嘉飞来。娜嘉害怕地闭上了眼，但她仍能感到噬数灵逼近的压力。

“我真的不行。”

“娜嘉，穿好披风，重心放低！一定要站稳，小心被吹走！”

听了园长的话，娜嘉不自主地行动起来，用披风裹住全身，弯曲双腿降低重心。一只噬数灵冲了过来，娜嘉像是被大木桩狠狠撞击了一样，身体连连后仰，险些摔倒。托莱亚急切地问：

“娜嘉殿下！您还好吧？”

娜嘉喘着粗气抬起了头，噬数灵已经消失了，是披风击退的，只是娜嘉没有想到披风下的冲击竟有这么大。

“小心！又来了！”

又一只噬数灵穿过天花板俯冲向娜嘉，就在触到披风的那一瞬，噬数灵被撞得粉碎。只是娜嘉还没从上一波冲击中缓过来，所以被新一波的冲击撞倒在地上。

“娜嘉殿下！”

娜嘉一边咬牙忍着身体上的痛和心中的不安，一边努力地调整呼吸。但是她的呼吸太急促。

“如果……再来……”

话音未落，娜嘉又感到一股压力迎面扑来，噬数灵果然再次袭来。

“娜嘉，接下来的噬数灵要用捕兽网！”虽说三角纹披风可以击退噬数灵，但是自己的身体却难以承受这么猛烈的连续撞击。

“网……”

娜嘉忍痛站起身，把左手的捕兽网换到右手。塔妮亚从旁指导娜嘉：

“娜嘉，用捕兽网捉噬数灵时，网一定要与噬数灵的移动方向垂直！也就是说，你必须站在噬数灵的正对面，看清楚它们的每一个动作，千万不能移开视线。”

娜嘉右手拿着捕兽网做好了准备。眼看噬数灵向自己逐步逼近，娜嘉反复告诫自己千万不能闭眼，但是她的眼睛不受控制地闭上了，因为噬数灵实在太可怕了。娜嘉被吓得全身冷汗直冒，身体不停颤抖。当她的眼睛完全闭上时，噬数灵已冲向娜嘉的胸口，娜嘉被撞得连连后仰，还好托莱亚早一步伸手接住了娜嘉，才没让娜嘉撞到头。

园长走到娜嘉身边，用手帮娜嘉缓解肉体上的痛楚。身上的痛苦可以缓解，但娜嘉内心的绝望还在蔓延。

“不行……我……”

这样下去，我没办法帮助碧安卡。为什么我的身体不听话？娜嘉越想越难过，眼里噙满了泪水。

“娜嘉，据我观察，你十分害怕噬数灵。但你应该知道这种恐惧会带给你身体什么样的影响。”

恐惧。是的，娜嘉知道自己怕。可为什么害怕？因为娜嘉觉得自己实在太软弱，自己只是一个微不足道的人，是一个命运数不值一提的人，自己没法像园长一样抵御噬数灵。想到这里，娜嘉的泪水止不住地落下来。

“我……要是我能有园长那样的命运数……我的命运数一点儿用都没有……”

“娜嘉！”

园长厉声呵斥，娜嘉吃惊地抬起头。

“娜嘉，下面我说的话，你仔细听好了。”

园长的表情和音调都不同往日，娜嘉瞪大眼睛看着园长。

“听好了，娜嘉。没错，你心里在害怕。但是你完全没必要因为害怕就认为自己是‘软弱无用的人’，也没必要把一切都归咎为‘自己命运数不值一提’。首先你应该承认自己内心的恐惧，然后想清楚在这样的环境下，你能做什么。这样就够了。”

“可是……”

娜嘉认为自己的确没什么能力，自己的命运数也的确无法对抗王妃的咒杀。如果自己很强，有更好的命运数，或许就没那么害怕了。娜嘉把心里的想法向园长和盘托出，园长却告诉娜嘉她错了。

“无论身体有多强壮，命运数有多了不起，人都会害怕。并不是变强就能消除恐惧，我们每个人的心底都藏有恐惧。面对恐惧我们能做的事情不多，但是我们绝对不能为了尽快消除恐惧而让自己变得贪婪。”

“贪婪……”

“是的。刚刚你说希望能拥有更好的命运数，这就是一种贪婪的表现。这句话你是否似曾相识？”

经园长提醒，娜嘉想起来了，这不就是“神圣传说”中“第一人”犯下的罪吗？

“娜嘉，听好了。恐惧本身并不是坏事，害怕是极其自然的反应和情感。但是，如果我们强烈地希望立刻消除内心的恐惧，就无法做出正确的判断，久而久之，我们的内心将被贪念一点点吞噬。”

“那怎么样才能做出正确的判断？”

“正视内心的恐惧，在此前提下，思考自己能做什么。你心里害怕噬数灵，那你想想‘害怕噬数灵的你’能做些什么。当然，我说的不是那些不可能实现的事情，比如改变命运数，而是现实中你真正能够做到的。”

娜嘉开始思考自己能够做到什么。刚刚自己因为害怕无法动弹，也没能直视迎面扑来的噬数灵，但是自己还可以利用三角纹披风来击溃噬数灵。没错，问题就是如何解决噬数灵带来的冲击。

“嗯……这样可以吗？或许我可以在被噬数灵撞击时尽量采用不会摔倒的动作，也许……坐着比站着要好。然后……因为被噬数灵撞了非常疼，可能在披风里穿上像夹棉上衣之类的带缓冲的衣物会好一点儿吧。”

听到娜嘉的回答，园长松了口气。

“很好，还有什么其他想法吗？”

“嗯……”

娜嘉继续在心里思考。三角纹披风虽然厉害，但难以抵挡大量噬数灵的攻击。如果能多准备两三件披风，就能多抵御两三倍的噬数灵了。这样的话，心里的底气也就足了。要是能为碧安卡也准备几件披风就更好了。

——啊，原来是这个意思。

仔细想想，娜嘉发现自己确实能做到一些事，而且说不定自己还能想到更多好点子。看到娜嘉认真思考的样子，园长说：

“娜嘉。只要你不放弃救碧安卡，就尽可能地收集你要的东西，找到你能做的事情，想清楚这些事情你能做到什么程度。说简单点儿就是，你能做什么来保护自己和碧安卡。”

娜嘉渐渐冷静了下来。这时，麦姆他们冲进屋里。

“噬数灵来过了吧？还好吗？”

麦姆一边问园长，一边看向仍微微喘着粗气的娜嘉。

“啊，果然是冲娜嘉来的！”

听到麦姆说刚刚有不好的预感，娜嘉故作坚强地笑着说：“没事，我有这件披风保护。”可是麦姆的神情仍十分凝重，他向园长报告大批的噬数灵正飞往厄尔多大公国。托莱亚听后，表示自己想去看看情况，然后走出了屋子。

麦姆问园长：“园长。有噬数灵攻击娜嘉……是不是代表那个王妃的儿子已经彻底死了？”

“有可能。但是娜嘉之前说过理查德是躺在水晶棺里的，有魔力的水晶棺可以让尸体在短时间内维持刚死去的状态，现在王子应该还处于能被复活的状态。所以，也许是王妃放弃了救活王子这条路。”

这怎么可能呢？娜嘉心想，王妃视理查德如命，绝对不可能置理查德于不顾。园长接着说：

“也有可能是她找到其他方法复活了理查德。不过，如果她不需要娜嘉的血就能复活理查德……那一定会导致可怕的结果。”

变身为玛蒂尔德的碧安卡趁着夜色，徘徊在梅尔辛城神殿附近。

今天王妃召唤的噬数灵数量前所未见，而且还是在白天。很多市民都亲眼目睹了大量噬数灵飞出梅尔辛城，城内一片恐慌。下人们和士兵们十分害怕，因为他们不了解真相所以全都跑到神殿前，希望能够获得祭司们的保护。但祭司们却把他们拦在了门外，说是奉了王妃的命令。

下人们和士兵们无法接受祭司们的做法，与神官们争执不休，差点儿引起暴动。诗人及时出面制止了事态的进一步恶化，他说：

“大家看到的是从梅尔辛城里飞出去的‘一团邪气’。王妃殿下生日将近，祭司们正协力要把这盘踞城内已久的邪气赶出城。现在是祭祀活动最重要的时刻，请大家回去吧。”

听到诗人用清朗的声音回答，所有人都不再焦躁和紧张，听话地从神殿离开，回到各自的岗位。虽然在碧安卡眼里这不过是诗人拙劣的谎言，可惜他们几乎没人能看透真相。

碧安卡也不清楚神殿里究竟在做什么，但是有一点是可以确定的——此前不久，理查德的尸体从神殿被送去了别处。

王妃不管理查德了吗？还是用什么其他的方法把他复活了呢？

理查德。

一想到母亲和弟弟的那张脸，碧安卡总是会不自觉地按压自己的右臂。尽管原本右手上的伤口，“现在”已经转移到了左脸，尽管托“走马灯数”的福，自己已经改头换面，但是无法抹去的只有这道伤痕。无论变身成谁，只有这道伤疤永远和自己在一起。变身成“栗发孩童”时，这道伤疤在左边大腿的内侧。变身成“银发女子”时，伤疤留在了脖颈。这样看来真是讽刺。

“唯一能证明我是我的竟然是理查德刺伤我留下的疤。”

这道伤疤令碧安卡想起两件事。第一是对理查德和母亲的憎恶。明明是至亲，他们却对自己做出了那般可恨之事。第二是“震惊”。

——那时，我保护了娜嘉，而且是下意识的行为。

当看到理查德扬剑刺向娜嘉时，碧安卡条件反射般地冲过去挡在了娜嘉前面。虽然受了重伤，碧安卡却对自己有了新的认识。

——我可以守护他人。在这一点上，我与母亲和弟弟都不同。

当初听说王妃要收娜嘉为养女时，7岁的碧安卡心里只有愤怒和难过。因为碧安卡很早之前就发现母亲不爱自己，只有自己的计算能力能让母亲看自己两眼。也就是说在母亲眼里，自己只是一个“计算工具”。尤其是比自己小4岁的理查德出生后，碧安卡的心彻底绝望了。不仅如此，母亲还要收一位养女。母亲明明已经有自己这个亲生女儿，为何还要再收养一个“女孩”呢？虽然碧安卡没有把自己的想法吐露给任何人，但是痛苦、憎恶和悔恨在她心中交织蔓延。

但是当碧安卡看到年仅1岁的小娜嘉时，内心的柔软被唤醒了。娜嘉那么小就失去了双亲，这叫她如何憎恨得起来。虽然名义上娜嘉是皇族，可实际上也并未享受到皇族的待遇——娜嘉和自己的吃穿用度都是按照下人的标准。娜嘉的遭遇唤醒了碧安卡内心的爱，更确切地说，娜嘉的遭遇激起了碧安卡的同情和怜悯。更何况娜嘉还喜欢亲近自己。

与娜嘉在一起的日子十分开心。自己从小就不受母亲待见，下人们又害怕自己，娜嘉是唯一可以与自己交心的人。虽然娜嘉胆小爱哭鼻子，但是也爱思考。碧安卡喜爱娜嘉，也喜爱这样的自己——不同于母亲和弟弟，可以爱护他人的自己。这种情感令碧安卡暂时忘记了心中对王妃的憎恨。

可惜与娜嘉在一起的日子只有短短几年。因为碧安卡在王妃眼里，和侍女长、其他算士们一样，只是一件计算工具而已。在王妃得到了更快捷的计算工具——精灵演算镜后，碧安卡就被抛弃了。当知道王妃收养娜嘉是因为那个令人作呕的“利用目的”后，憎恶之火重新在碧安卡心里燃起。

“那个时候的我已被憎恶之火所吞噬，眼里只有恨。”

当碧安卡以玛蒂尔德的身份回到梅尔辛城时，娜嘉已经长大了。她变得更加内向，很少能看到她笑。碧安卡知道娜嘉每天都会去“自己墓前”祈祷，所以常常喝一点儿素数蜂蜂蜜，以快速提升自己的命运数变成“栗发孩童”，去听娜嘉和“自己”说话。选择变身成2倍命运数的“栗发孩童”，是因为“栗发孩童”的变身只比“玛蒂尔德”高一个等级，需要用的蜂蜜量最少。碧安卡经常以这样的方式去听娜嘉在墓前和自己说话，碧安卡每次都忍不住想告诉娜嘉，她就是碧安卡，不过最终还是没说出口。因为娜嘉本来就不安全，告诉娜嘉自己是碧安卡只会把她推向一个更危险的旋涡。

不管怎么样，先要帮助娜嘉逃出王妃的掌控，同时要把王妃诅咒用的工具抢过来，削减王妃的能力。碧安卡披着玛蒂尔德的外衣四处探寻可行方案。有时她会在乐园园长赠予的通信镜中，看到被王妃囚禁在镜子里的精灵们，于是碧安卡把这一情况告诉了园长。园长说：

“肯定是因为你与精灵们有什么相同的地方。”

被迫为王妃计算的精灵们的确和过去的碧安卡很像。可是碧安卡只能在镜子里看到精灵们的样子，听不到他们的声音。后来，碧安卡慢慢发现精灵们有时可以看见自己和听到自己的声音。所以碧安卡常常鼓励精灵们，并表示自己一定会帮助他们安全逃离镜中世界。

但是说话容易做事难。最后碧安卡决定改变计划，优先准备召唤噬数灵的材料。因为只要王妃死了，什么问题都将迎刃而解。可是没想到最近事态急转直下，不仅精灵们的性命危在旦夕，而且还有人在计划暗杀理查德。事态的变化令碧安卡十分焦虑和懊恼。恰在此时，碧安卡突然发现自己的镜子对娜嘉反应十分强烈，而且那枚能与精灵们的“工作屋”互通的镜子总是在寻找娜嘉。碧安卡认为这是神意，于是决定遵从神的指示。只是对于碧安卡而言，这无疑也是“赌博”。

值得庆幸的是碧安卡赌赢了。有了托莱亚的支持，碧安卡帮助娜嘉和精灵们顺利逃离了镜中世界。乐园园长也在通信镜中告诉自己，娜嘉和精灵们都安全了，不用再担心了。乐园园长还说，如果碧安卡你能到乐园来，娜嘉肯定会很开心的。

园长的话让碧安卡有些动摇。可是不杀死王妃，自己去不了乐园。只要王妃还活着，无论逃到世界的哪个角落，自己和娜嘉都无法安心地生活。而且要是自己离开了梅尔辛城，王妃肯定又会立刻召集“养蜂族”的人代替自己工作，一定不能给帮助过自己的他们带来麻烦。

“不，不对。”

碧安卡摇了摇头。不对，这并不是自己继续留在梅尔辛城饲养蜜蜂，帮助王妃实施诅咒的理由。眼下娜嘉早已出城，让自己继续留下来做王妃帮凶的理由只有一个。

“只要那个女人不死，一切都是枉然。”

碧安卡心想，如果自己成功用诅咒杀死了那个女人，自己同时也会遭到那个女人命运数中的“尖刀”的反噬而死。可是，只要那个否定自己的女人还活在这世上，自己就无处可逃。因为迄今为止，无论碧安卡去到哪里，离梅尔辛城有多远，始终感到自己依旧身陷囹圄。

也就是说，不杀死那个女人，碧安卡永远无法真正走出这座城。

此时，城门处突然传来一阵骚动声，从马蹄声和号角声判断，有客人来了。从今晚到明晚，将会有客人陆陆续续前来参加王妃的生日宴。

“后天。”

后天，碧安卡将集齐所需的“素数蜂蜂毒”。

“命运之神已经为我拉开了新的帷幕。”

第九章
尖刀与宝石

娜嘉做了一个噩梦。在梦里，她看到扑向自己的噬数灵，哭泣的自己，一双抱着自己的温暖的手，还有挡在自己和噬数灵之间的无名的宽大背影。娜嘉看到那个无助的背影就要被噬数灵吞进肚子里了，另一只噬数灵正要吞噬自己和抱着自己的人。娜嘉感到那双抱着自己的手越来越凉，她从梦中惊醒了。

娜嘉意识到自己哭了。她喘着粗气，心脏砰砰直跳。她把头埋到被子里，在想为什么会做那样的梦。她觉得一定是因为昨天自己遭到了噬数灵的攻击。

随着情绪渐渐平稳，噩梦的记忆慢慢散去。娜嘉开始思考现下需要面对的各种问题。她看到床边的桌子上放着一件衣服，那正是自己的“命运三角纹”披风。因为昨天受到噬数灵的攻击，所以披风有些损伤，不过现在已经修补好了。今天必须为自己再缝制一件披风，最好能利用边角料再缝制一件可以缓冲冲击力的夹棉上衣。因为园长说碧安卡的披风早已经准备好了，所以娜嘉决定先专心准备自己需要的东西。

娜嘉知道必须抓紧时间开始缝制。她起身推开窗，清晨的微光洒进屋里。屋外传来一阵喧闹。晨雾中人影晃动，还有说话声，听起来情况很严峻。

发生什么事了？娜嘉换好衣服走出屋子，看到托莱亚牵着马正与园长、塔妮亚还有数名附近的居民交谈。托莱亚牵着一个孩子的手，马背上还有两个精疲力竭的孩子。居民们伸手把孩子扶下马，细心照顾。

“都城的情况十分惨烈。”

托莱亚憔悴地对园长说。托莱亚刚从昨天大群噬数灵的攻击目标——厄尔多大公国的都城刺探情报回来。

“不仅都城，就连附近村子的人都没几个活下来。这些孩子的父母都死了，我只能把他们带到这儿来。”

园长沉默不语。

“她不仅诅咒了背叛自己的梅尔辛王国国王，连厄尔多大公国的国民也不放过！他们不过只是给国王提供了一个容身之处……”

塔妮亚的声音中透出浓浓的悲愤之情，娜嘉也不敢相信听到的内容。虽然自己早就知道王妃不近人情，可是没想到她竟然如此蛇蝎心肠。托莱亚说：

“园长，能活下来的都是命运数中有大尖刀的人。”

园长的眉毛动了一下，说：

“原来如此，托莱亚小姐能看出来吗？”

“是的。虽然我无法得知别人的命运数具体是多少，但如果他们的命运数中有至少大过200的大尖刀的话，我就可以感应到。”

“原来如此。这表示除了那些命运数中有大尖刀的人，其他人都被姐姐召唤来的噬数灵无情地杀害了。”

塔妮亚问园长：

“为什么王妃要这么做？如果是想让厄尔多大公国归顺，只要用诅咒除掉统治阶级，再派兵不就好了？”

“所以姐姐的目的肯定不是为了征服厄尔多大公国，我想她是为了收集‘宝石’。”

园长说王妃可能需要大量的宝石。托莱亚不解地问：

“如若真如您所说，那么她收集宝石是为了什么呢？宝石究竟代表什么？”

“宝石是实物化的特殊素数，是较小的‘不老神数’。”

“不老神……是指永葆青春、不会受伤、不会死的神？”

园长点了点头。

“真正的不老神的命运数都非常大，至少 6 位数以上，最小的‘不老神数’是 524287。不过，有些比 524287 小的数也具有和‘不老神数’一样的性质。如果命运数中包含这种数的人被噬数灵‘吞噬’了，那么这些数就会化作宝石。”

园长向大家介绍说，以下素数都可以变成宝石：3、7、31、127、8191。

“3、7、31、127……”娜嘉轻声重复。

园长问娜嘉：“娜嘉，这些数除了都是素数外，还有一个共同的特点，你知道是什么吗？”

娜嘉想了想，摇了摇头。园长对十分困惑的娜嘉说：

“如果只看这几个数，可能很难想明白，但是你试试给每个数都加上 1，会怎么样？”

娜嘉在心中默想，3 加 1 等于 4，7 加 1 等于 8，31 加 1 等于 32，127 加 1 等于 128。

“4，8，32，128……啊，它们全部是若干个 2 相乘的乘积。”

“没错，是 2 的乘方。”

4 是 2 的 2 次方，8 是 2 的 3 次方，32 是 2 的 5 次方，128 是 2 的 7 次方。

“接下来，8191 加 1 等于 8192，是 2 的 13 次方。也就是 13 个 2

相乘。”

“也就是说，代表宝石的数是 2 的乘方减 1 的差，同时还是素数。”

托莱亚总结道。园长朝托莱亚点点头。

“‘不老神数’就是具有这种性质的大数值数。”

“可是，是‘素数’且是 2 的乘方减 1 之差的数又有什么特殊意义呢？我只知道这种数很特殊……”

“‘不老神数’与‘不灭神数’相通，这一点就是它的最大价值。”

听了园长的话，娜嘉想起自己在成人典礼上背诵的“神圣传说”中的一节。

何谓“不老神数”？

“不老神数”是借助与神圣大气交融，与“不灭神数”相连的数。

“不老神与我们人类不同，他们不会衰老、生病和受伤，因此不出意外的话他们就可以一直活下去。但是，这并不代表他们不会消亡。所以不老神长年累月不断地与天上的神圣大气逐渐融合。这个融合过程，会让‘不老神数’转化为‘不灭神数’，也就是说他们会晋升为不灭神。”

“不老神是不灭神的前一个阶段，对吗？”

“是的。不老神有可能会消亡，但不灭神不会，任何人或事都不能使不灭神消亡。‘神圣传说’中记载了不灭神不会消亡的原因，因为不灭神有重生力，这其中的奥秘就在于他们的命运数。”

“不灭神数”是可以自身轮回重生的不灭之数。“神圣传说”中确实有相关记载。

“可是，什么样的数才是‘可以自身轮回重生不灭’的命运数呢？”

娜嘉不解地问。园长答道：

“娜嘉，很抱歉，下面我要说的可能会触及你的伤心事。王妃是想用你的命运数去复活死亡的理查德王子，对吗？王子之所以能复活，是因为你的命运数的总约数之和正好等于他的命运数，所以王妃才要取你的‘鲜血’。”

“对。”

“这与不灭神的重生十分相似，只是不灭神的重生不需要他人的鲜血，因为他们‘自身’就已经具备了重生的必要元素。也就是说，不灭神命运数的约数之和正好等于他们自己的命运数。更准确地说，是‘除去自身以外的约数之和恰好等于它本身的数’。”

娜嘉反复琢磨“除去自身以外的约数之和恰好等于它本身的数”这句话，塔妮亚在一旁解释道：

“最简单的例子是 6。6 的约数除去 6 本身后，还有 1、2 和 3。1 加 2 加 3 正好等于 6。当然，不灭神的命运数肯定要比 6 大得多了。”

要是这么说，娜嘉之前也发现了“6”的这个特点。托莱亚问道：

“那么宝石、‘不老神数’与‘不灭神数’又有什么关系呢？”

“是这样的。你想一想，代表宝石的数 3 等于 2^2-1，也就是说 3 是素数，同时也是 2 的 2 次方 4 减 1 之差。然后用 3 乘以 2 的 1 次方，即次方数比前述的 2 的 2 次方小 1，结果是多少？”

2 的 1 次方是 2，3 乘以 2 等于 6。即 $(2^2-1)\times2^1=6$。

“是 6。”

“没错。你前面也看到了，这个数具有和‘不灭神数’相同的性质。接下来，再看看 7 这个数。7 是素数，同时等于 2^3-1，即 2 的 3 次方 8 减 1 之差。我们用 7 乘以 2 的 2 次方，即次方数比前述的 2 的 3 次方小 1。”

这也就是 $(2^3-1)\times2^2$，即 7×4。

“等于 28。”

“在 28 的约数中，除掉 28 本身的其他总约数之和是多少？”

28 的约数除去 28 本身后，还有 1、2、4、7、14，全部加在一起得到……

“28。”

回答后，娜嘉发现这个数同样也具有和“不灭神数”相同的性质。

“像这样，以宝石或‘不老神数’为线索，就可以推导出‘不灭神数’。”园长继续说，“‘2’是由‘万数之母’直接孕育的大气的数，象征天上神圣大气，如果不老神长年累月地将自己的命运数与象征大气的‘2’的乘方融合，最后‘不老神数’将会像刚才我们解释的那样，晋升为‘不灭神数’。娜嘉，怎么样？听懂了吗？”

被园长这么一问，娜嘉决定重新把“不老神数”晋升为“不灭神数”的过程捋一下。

“嗯……‘不老神数’是比 2 的乘方小 1 的数，对吧？所以用‘不老神数’加 1 得到的和必然是 2 的若干次方。如果知道是‘几次方’，先计算出比前述次方数小 1 的个数的 2 的乘积，然后用计算出的乘积再乘以‘不老神数’就可以得到‘不灭神数’了，对吗？”

“是的。娜嘉你能用最小的‘不老神数’524287 推导出‘不灭神数’吗？”

娜嘉开始在心中默算。既然 524287 是“不老神数”，那么意味着它加 1 后得到的 524288 必定是 2 的乘方。524288 是 2 的几次方呢？娜嘉花了点儿时间算出是 2 的 19 次方。要推导出‘不灭神数’，必须用 524287 乘以 2 的 19 减 1 次方，即 2 的 18 次方。2 的 18 次方等于 262144。524287×262144 等于……

“137438691328，对吗？”

“没错。这个数也是除本身外的所有约数之和恰好等于其本身的数，即可以通过自身实现轮回重生的不灭神数。”

托莱亚对园长说：

“原来如此。现在我终于知道‘不老神数’和‘不灭神数’的意思了。但是这与王妃收集宝石又有什么关系？”

“我也不清楚。不过传说有一种邪恶之法，只要集齐一定数量的宝石，然后用某种特殊的方法把宝石放进体内，就可以把人的命运数变为‘不老神数’。可能是……姐姐想晋升为不老神。”

听完，托莱亚紧锁眉头。

“那不是和‘第一人’一样吗？‘第一人’被‘影’唆使犯下了弥天大错，难道王妃想重蹈覆撤？”

“是啊，这种可能性非常大。昨天麦姆先生说，‘影’或许就在梅尔辛城。”

听到“影”这个名字，娜嘉看到托莱亚绷紧了肩膀。托莱亚说：

“真的吗？如果‘影’真的在……我作为龙蒿家族的后代，必须要重返梅尔辛城。”

麦姆对格义麦勒、达莱特和扎因说：

“托莱亚队长将在今天下午骑马离开乐园，预计明天早上潜入梅尔辛城。王妃将从明天早上开始设宴款待国家的重要人物。托莱亚说届时她将争取在黑衣女子——碧安卡——动手前，说服碧安卡离开梅尔辛城，然后她会快速打败王妃，寻找‘影’。”

扎因问：“然后呢？我们该怎么做？”

“本来我是想跟托莱亚队长一起去的，但是想来想去，我觉得我们得用其他方法进入梅尔辛城。大家还记得园长这座宅院的大厅里有一面镜子吗？那是以前我们花剌子模族祖先赠予乐园的通信镜。如果进入镜中，我们可以通过那面镜子进入梅尔辛城……”

说到这儿，麦姆停下来看了看其他三人。麦姆认为他的这个提议可能会受到反对，毕竟大家在镜子里经历了那么多磨难，肯定都不愿意再回去。可是谁都没有说话。过了一会儿，看起来最不可能同意的达莱特反倒先开了口：

“唉，这也是没办法啊。”

格义麦勒和扎因纷纷点头附和：“是啊，现在从外面进入梅尔辛城太难了。”

“你们……真的同意我说的方法吗?”

“嗯，这已经是最好的方法了。麦姆，你是不愿意拖累托莱亚队长，才决定另寻他路，不与她同行的吧?”

麦姆对扎因点了点头。

“总之，得到大家的赞同我就放心了，下面我们来讨论下具体措施吧。刚刚我说过了我们将以这座宅院大厅里的镜子为入口，问题是从哪里出去，梅尔辛城里有好几个可以作为‘出口’的镜子……”

麦姆拿出托莱亚给的梅尔辛城地图，一边指着镜子的分布位置，一边与大家讨论应该把哪枚镜子作为出口。可是讨论来讨论去，大家的意见始终不统一。

“最好的位置应该是最靠近加迪王——也就是‘影’的所在位置，同时还要远离那位王妃的地方。”

“不仅仅要避开王妃，我们同样不能被城里的人和参加宴会的宾客发现。”

另外，只有经过仔细打磨的镜子才能作为出口。梅尔辛城中符合要求的镜子要不被挂在大厅屋顶，要不被镶在了礼堂深处，都是众目睽睽的地方。可以避人耳目的只有那位王妃实验室里的镜子——他们最近才从里面逃离出来的演算镜。大家愁眉苦脸地讨论起这一方案的可能性。

“明天早上，王妃应该不在实验室，因为她必须去大厅招呼前来赴宴的宾客。”

“没错，而且扎因也是在那面镜子附近感受到了好几次加迪王的气息，所以加迪王大概率也在那间实验室附近。”

“这样的话，大家一起来看看这条路该怎么走。要从梅尔辛城的‘那面镜子’里出去，必须要经过‘圣书’，问题是能不能找到通往那面镜子的后门，这个问题能解决吗？”

麦姆看向格义麦勒和达莱特，二人表示没有问题。

“我和达莱特已经进出那扇门无数次了，闭着眼睛都能找到，只是现在有一个新问题。那位王妃不是重新开始实施诅咒了吗？明明我们都逃出来了，她是怎么做到的？难道她捉到了新的精灵为她工作吗？”

“你说的问题我也想过，或许王妃又从花刺子模森林里掳走了新的精灵。有可能是其他部族的精灵，若是如此，希望他们能和我们达成共识……”

“如果无法达成共识，我们只能把他们都干掉。总之我和格义麦勒肯定会想办法搞定的，麦姆和扎因你们只要从镜子中出去找加迪就行。不过，要是你们发现了加迪和‘影’，你们怎么办？”

“出发前，我会向园长借一枚小通信镜，听说托莱亚队长也会随身携带一枚。所以只要发现‘影’，我会立马联系托莱亚队长……嗯？”

话还没说完，麦姆看到扎因时不时都会瞥一眼自己身后的木桶。

“怎么了，扎因？”

麦姆问。扎因叹了口气回答：

“……啊，麦姆，你没注意到吗？好像有人在偷听我们说话。”

“啊？”

麦姆还没反应过来，扎因就冲着木桶的方向大声喊：

“嘿，卡夫！是你在偷听吧？我看到了。”

话音刚落，躲在木桶里的卡夫推开木桶盖看着大家。

“……你早就知道我在这儿？扎因。”

“不，我也是才发现。”

麦姆叹了口气，说：“我和你强调过多少次了，让你不要偷听我们说话。”

“有什么关系呀，只是听听而已。”

“你是不是想让我们带你一起去？”

“不。”卡夫摇了摇头，“我要是去了，肯定会分你们的心，影响你们的行动计划，对吗？所以虽然我很想去，但是我不会要求你们带我去的。”

“真的？”

“真的，因为我不希望由于我的原因导致计划失败。不过……我也会用我的方式去做。”

“啊！这可……”

“你是想说不行吗？但是，麦姆，我也是加迪王的神官。虽然这么久以来我总是给麦姆你添麻烦令你不放心，但是只要加迪王需要我，我也想履行自己的义务。而且……”

卡夫认真地看着麦姆。

“我不后悔和麦姆一起进入镜中世界，即便生死未卜命悬一线时也从没有后悔。不是因为没死我才这么说，哪怕我死了，我还是不会后悔。”

面对卡夫的心里话，麦姆不知该说什么。扎因先开了口：

“知道了。不过，卡夫你可不能乱来啊。”

“放心，我绝对不会乱来，更不会画蛇添足没事找事。”

“看来我们的卡夫终于长大了。”

“是啊。嘿，麦姆，相信卡夫吧。”

格义麦勒和达莱特连连称赞。

麦姆没有说话，勉强地点了点头。

托莱亚已经出发了。麦姆等人正在为回梅尔辛城做准备。虽然娜嘉向园长表明了自己想与托莱亚一同回去，却遭到了园长的拒绝。园长说娜嘉回去会拖累托莱亚的行动。

“托莱亚一定会尽力守护碧安卡的，相信托莱亚吧。你现在的首要任务是准备好能够守护自己的东西，噬数灵可能还会再来。”

娜嘉一边想着园长说的话，一边开始缝制魔法披风。她知道，这才是自己应该做的事情。

虽然娜嘉十分理解园长的话，但心中始终有个不肯放弃的念头。娜嘉努力摒弃心中的杂念，专注于手上的缝制。时间一分一秒过去了，眼见天色渐晚，娜嘉放下了手中的活儿。卡夫像是算准了娜嘉这时会休息一样，轻轻推开门走了进来。

“王妃好像又召唤了一群噬数灵出来。据说这次的目标是哈尔－里昂王国。”

“又……？”

娜嘉心想，王妃的诅咒到底什么时候才是个头啊，她实在太可怕了，碧安卡竟然要一个人对付这样一个可怕的人。娜嘉不禁捏紧了拳头。

“娜嘉你也想回梅尔辛城吧？但是园长没同意吧？”

娜嘉点点头。卡夫啪嗒啪嗒地扇着翅膀，坐到了娜嘉对面的椅子上。

“我就知道园长是不会让你回去的。梅尔辛城太危险了，城里有王妃一个人就已经够危险了，现在可能还多了一个‘影’，也只有托莱亚那样的人才能接近那么危险的地方。托莱亚不仅厉害，而且还不怕噬数灵攻击，搞不好可能还要和‘影’战斗。”

“为什么托莱亚不怕噬数灵？”

“因为托莱亚的命运数里藏着巨大的尖刀。不到万不得已，王妃不会召唤噬数灵去攻击她。因为要是王妃召唤噬数灵攻击托莱亚，她必然会遭到噬数灵带回去的尖刀反噬，搞不好连自己的命都保不住了。”

今天早上，托莱亚也说过类似的话，说在这次厄尔多大公国都城惨剧中幸存下来的都是命运数中有大尖刀的人。

“尖刀是指命运数中的某种‘素数’吧？”

卡夫点点头说：“是的。代表尖刀的数，从小到大有 5、13、17、29、37、41……”

“5、13、17、29、37、41？为什么这样的数代表尖刀？”

“这个我也不太清楚，但是它们有一个共同点。娜嘉殿下，你不是很擅长做除法计算吗？你用这些数除以 4 试试。”

“嗯……”

5 除以 4 的商为 1，余 1。13 除以 4 的商是 3，余 1。17 除以 4 的商是 4，余 1。29 除以 4 的商是 7，余 1。

“啊……它们除以 4 的余数都是 1。”

“是的。可以这么说，凡是‘除以 4 余 1 的素数’都等于两个平方数相加之和。”

“什么是平方数？”

“平方数就是两个相同数的乘积。比方说，5 是不是就等于 1 的平方加 2 的平方？ 13 等于 2 的平方加 3 的平方。”

17 等于 1 的平方加 4 的平方，29 等于 2 的平方加 5 的平方。

“确实如此。”

“是吧？如果命运数中包含这一类素数，当命运数主人被咒杀时，这些素数就会变成尖刀反噬给施咒人。”

卡夫告诉娜嘉，托莱亚的命运数中的反噬尖刀相当于超过 4 位数的该类素数那么大。

“一般人要是受到了大于 200 的尖刀反噬，肯定是活不下来了。遭到一次反噬，相当于被人砍掉一只胳膊，哪怕被反噬后立即使用斐波那草也来不及，最终还是会血尽而亡。所以即便那位王妃身体再强健，要是遭到托莱亚的尖刀反噬，怕是也撑不过几秒。”

“卡夫为什么知道托莱亚的命运数？”

“因为她是名家之后啊，托莱亚出生于龙蒿家族，身上流的自然是战士家族的血。龙蒿家族的先人们从很早之前开始就与强敌作战，这么多年来对方从未有人生还。因为就算对方战胜了他们，但最后还是会遭到龙蒿家族命运数中的尖刀反噬而死。无论龙蒿家族的人是因为命运数受到噬数灵攻击而亡，还是战死沙场，对方都会遭到他们命运数中的尖刀反噬。”

“竟然……还有这样的战斗方式。”

“总而言之，龙蒿家族的人都十分厉害。之前应该跟你说过吧，托莱亚的祖先曾与‘影’相搏，救出了我们之前的精灵王。”

娜嘉再一次认识到了托莱亚的厉害，同时她也想到，托莱亚这么厉害，应该能守护碧安卡的安全。

“看来，还是没什么我能做的事情。总之，我不要帮倒忙，一切交给托莱亚和麦姆他们就好了。”

娜嘉松了口气轻声自语道，卡夫却连连摇头说：

“不是这样的，娜嘉。这世上有许多事情是无法预料的，谁知道意外会什么时候来呢？所以即便自己的伙伴再厉害，你也不能袖手旁观。因为你不知道什么时候需要你上场。所以不管什么时候都要做好准备，有备无患啊。”

卡夫说如果出现意外，他已做好了去梅尔辛城的准备。

“娜嘉，你也想帮助你的姐姐吧。那么你得为了这个想法做准备。”

说完，卡夫就离开了娜嘉的屋子。听了卡夫的话，娜嘉又重新开始缝制自己的御魔披风。

“为了碧安卡，我必须要做我能做到的事。”

托莱亚已经给碧安卡带去了三件她的专属御魔披风。还有什么其他的事情是自己能做或该做的呢？娜嘉一边绞尽脑汁地思考，一边努力缝制手中的披风。

夜幕降临。乐园园长一个人静静地坐在大厅里。

今天，“恶灵”没来。

至今从未缺席的噬数灵今天竟然没有来。看来王妃那边为了拿到“不老神数”一定很忙乱。不过等她实现了这一愿望，必定还会再派噬数灵来杀园长。

迄今为止，王妃对园长召唤了那么多噬数灵。园长想到，那其实是姐姐的执念，是姐姐对自己的憎恶。

每当园长想起从前姐姐还在乐园的日子，她都会感到切肤之痛。在园长的记忆中，姐姐从小时候起就从未把自己这个妹妹放在眼里，仿佛她根本没有妹妹一样。直到听到姐姐对母亲和其他大人说的一句话，园长才了解了自己在姐姐眼里是什么。

“不要把我和那东西相提并论。”

园长知道，姐姐口中的“那东西”指的就是自己。她也知道，姐姐不喜欢听到大人说“这姐妹俩简直是一个模子里刻出来的”，也不喜欢母亲照拂自己这个妹妹。园长还记得，姐姐总爱说“我是与众不同的人”，因为姐姐是将来要继承乐园园长之位的人，所以母亲和其他大人非常关注姐姐的意见和感受，尽量不让身为妹妹的自己打扰姐姐。园长知道在母亲眼里，终生不得离开乐园的姐姐远比会获得自由身的妹妹重要。以至于小时候的园长十分苦恼，甚至认为自己或许就不该来到这个世上。

园长记得，除了离开乐园，母亲会尽力满足姐姐的所有要求。当姐姐和自己即将迎来 11 岁生日之际，哈尔 - 里昂王国寄来了一封邀请函，希望能邀请乐园园长的次女去参加他们贵宾云集的宴会。不如说，这是一封寄给自己的邀请函。但是姐姐看到后，执拗地表示自己一定要去。母亲实在不忍拒绝，于是每日向神祈求，最终为她求得了三日外出的许可。并且母亲拿自己的性命为她做担保，如果姐姐没有按期归来，母亲愿以命偿之。当时，母亲认为大女儿肯定会如约归来，可是最终母亲等来的是彻头彻尾的背叛。

园长想起当时这间大厅的通信镜里姐姐的脸。姐姐用母亲给她的小通信镜看着这边，看着因她而死的母亲，看着抱着母亲遗体痛哭的自己。姐姐的表情如同一位看客，在观看一场有趣的闹剧。

那是园长人生中最绝望和憎恨的时刻。多亏有神意指引，园长才没有被绝望和憎恨之情所吞噬。当时，神降临附在自己身上，通过自己的嘴巴对姐姐说了下面的话。

“愚蠢的女人。你自认与众人不同，但你终将会老会死。你与‘万数之母’——‘数之女王’创造出来的万物没有区别，都会腐旧消亡。事实上，你什么都不是。如果你不能认清这一点，给予你的祝福将变成对你的诅咒。”

神谕是对姐姐最后的警告。可是姐姐却绷着因恐怖而僵硬的脸，在暴怒下狠狠地砸坏了通信镜，从此之后，园长再没有见过姐姐。虽然姐姐从自己的生活中消失了，但是园长有很长时间都没能从姐姐带来的烦闷苦恼中走出来。最终，园长靠着不断坚定地遵循神谕，才让心情平静了下来。

时光荏苒。随着年龄的增长，园长对自己和人类有了更深的认识，所以她也渐渐能够理解姐姐的心理动机。所有人的心中都存有惧怕之情，因为人们总想抓住那些本不属于自己的东西，比如财产、能力、健康、青春、美貌、身体、内心，还有命运数。这些东西都不是人类存在的本质，但是人类却坚信这些是自己的东西，是自己的本质所在。人们觉得失去了这些，自己便不是自己，所以他们害怕失去。

其实世间所有的存在，包括人类，都是由世界之源——一个数创造出来的。出生前也好，活着时也好，死后也罢，人只是一个数。而赋予个体的命运数也不过是“万数之母”当下瞬间的状态罢了。因此命运数带给个人的外在、能力以及内心都不过是昙花一现的幻影。

只要执着于这样的幻影，人必将在真实中痛苦挣扎，无法逃离。

园长认为，姐姐从出生起就活在这样的挣扎与逃离中。姐姐坚信自己与生俱来的巨大命运数是属于自己的东西，命运数带来的外貌和能力也是自己的一部分。姐姐害怕失去，所以一直在挣扎。因为害怕失去，她才会想去追求更高的地位、更美的外形、不会衰老的青春和更好的命运数。追求更好本身并没有错。但是关键是姐姐从来没有想过要正视自己内在的恐惧和痛苦。正因为姐姐不能直面自己的内心，所以她的内心被惧怕和痛苦一点点吞噬，然后她渴望获得更多，甚至产生天下生死皆在己手的错觉。而且她从不去反省自己的为所欲为会给别人带来什么影响。

现在，神留给世界的影响越来越小，有人想重蹈“第一人”的覆辙。那个人正是姐姐。园长心中的苦楚不断蔓延，有悲伤有愤怒，还有必须立刻阻止姐姐愚蠢行径的责任以及对这份责任的憎恶。同时，园长心里还有一丝对姐姐的同情，因为园长知道如果和姐姐立场互换，自己或许也会做出和姐姐一样的选择。

这些都是园长内心的真实想法。但是，其实这些想法的产生犯下了和姐姐同样的错误，最多只是程度不同罢了。看不起姐姐也好，可怜姐姐也罢，会产生这些情感其实都是因为自己执着于“自己与姐姐不同”的念想，这和姐姐执着于“自己不同于生老病死的普通人”没有区别。

园长知道，唯一能摆脱执念、获得自由的方法就是不要被执念蒙蔽了双眼，同时还要做到直面自己的内心。正是在这微妙的平衡中才有真正的自由，也只有获得真正自由后的行为才算得上真正意义上的生。不过想把控好这种平衡非常难，尤其是今天。因为姐姐犯下了天大的罪孽，就连自己长年修行的平静内心也被搅得波澜迭起。

虽然园长想立刻出去阻止姐姐进一步犯错，但是又不能违背神谕离开乐园。园长感到出于自身意志遵循的规定如今变成了束缚自己的绳索。

想到这儿，园长的脸上露出几分苦恼的表情。正在这时，门外传来了一阵敲门声，把园长从思绪中拉了回来。同时，园长心中一惊，她发现自己险些又要被心中的“黑色猛兽”拉进阴暗的情绪中。园长做了个深呼吸后，问门外是谁。听到园长的声音，娜嘉从门里探出头说：

“不好意思……园长您现在方便吗？”

“有什么事？”

“啊……我发现了碧安卡，不，‘玛蒂尔德’命运数的秘密。”

园长示意娜嘉进屋，娜嘉走进屋坐到园长对面，向园长说起自己的发现。园长觉得眼前这位少女做事十分谨慎，说起话来总是带着那么点儿不安，但是条理非常清晰。而且，她的“发现”是连园长都没有注意到的地方。听完娜嘉的话，园长吃惊地说：

“娜嘉，你说得对。就保护碧安卡而言，这真是一个重要发现。”

“可托莱亚和麦姆他们已经出发了吧？我是不是发现晚了？”

娜嘉有些遗憾地说。园长摇摇头，说道：

“不晚。他们随身带着的联络用的小镜子，可以随时传送小的物体。托莱亚负责守护碧安卡，我们把‘工具’传送给她吧。”

娜嘉开心地笑了。园长一边看着娜嘉，一边在心里想，这个孩子真的听了她的建议——尽量收集自己能提供的东西，思考自己能做的事情，并不断地问自己还能做什么。

“我，能做什么呢？”

园长意识到自己也到了做最后决断的时刻——以什么样的态度和方式为姐姐的所作所为做一个决断的时刻，真正意义上超越自己对罪孽深重的姐姐的憎恨和怜悯的时刻，也是感受将自己禁闭在乐园的神希望自己去做什么，并通过自己去实践的时刻。

“收集自己能提供的东西，思考自己能做的事情。”

园长用之前提醒娜嘉的话反复提醒自己，然后站起身对娜嘉说：

“那么，我们试着和托莱亚联系一下吧。”

行至厄尔多大公国和梅尔辛王国的国境交界附近，托莱亚感受到了一种不同寻找的气氛。托莱亚胯下的马似乎也有所察觉，慢慢停了下来。

有埋伏？

为了秘密穿越国境不被人发现，托莱亚特意选择了这条森林深处常有野兽出没的小道，可是“对方”似乎早已洞悉了托莱亚的心思。点点星光下，小道深处的林木间耸立着一株十分粗壮的大树，大树四周看起来有些瘆人。

托莱亚意识到，对手似乎不是人类。如果对手不是人类，那会是什么？托莱亚跳下马，拔出腰间的佩剑慢慢向大树走去。

如果对手不是人类，就不能光靠眼睛去看，关键是要感知“气场”。托莱亚一边调动全身的感官，一边缓缓走向大树。每走近一步，托莱亚就感觉空气愈发瘆人。可是当她绕大树转了一圈，却没有看到任何人。相反，有一个人影从不远处的树后走了出来，这个人影很明显是一位男性。

“你是……！”

托莱亚愣住了。人影从树后走出来，对托莱亚笑了笑。这张脸，托莱亚曾无数次在梅尔辛城里见过，可是托莱亚发现他现在的气息很明显不是人类的气息。

“你究竟是谁？”

“你心里应该有答案了吧？”

听到对方充满磁性的嗓音，托莱亚才意识到，这家伙是“影”。

精灵们说“躲在梅尔辛城某处”的“影”，指的就是他。

看来他就是以这个样子接近并唆使王妃的。托莱亚没想到这家伙竟然能够彻底变成人类的样子。

“混账！你是不是吞噬了人类？”

托莱亚话音刚落，已化作人类的“影”把视线从托莱亚身上移开了，他抬起俊俏的脸看着夜空，说：

“啊，差不多就是你说的那样。”

托莱亚开始快速思考：“等等，他能够彻底化作人类，这说明……

不，我之前在梅尔辛城从来没有注意到“这家伙”的存在，这表示……两个人！这家伙已经吞噬了两个人！他若是要彻底化作人类的样子，只吞噬一个人是不够的，现在这家伙体内肯定“有两个人”。其中一个应该是它“人类皮囊”的真正主人——一位年轻英俊的男子，另一位恐怕是……”

“影”看着陷入思考的托莱亚，笑着说：“很高兴今天能在这儿碰到你。最近，我每晚都在这里等你。我知道你肯定会在晚上跨越边境回来。”

“你说你在等我？”

“是的。我想我知道你这次回来的目的，你是不是打算回来解决我和王妃？打倒我是你们龙蒿家族的任务，但是为什么王妃也会成为你的目标？你是想替家人报仇吗？八年前为王妃顶罪、被王妃诅咒的‘算士’中，就有你的侄女吧？后来你的兄长也死于王子之手。很可惜，他们没有继承龙蒿家族的反噬尖刀，不然也就用不着你来替他们复仇了。”

看来这家伙把龙蒿家族的事情摸得很清楚。

“闭嘴！龙蒿家族从不为‘复仇’而战，而且我兄长和侄女的灵魂早已在‘万数之母’——宇宙中心的唯一神那里安息。”托莱亚干脆地答道。

听到托莱亚的回答，“影”漂亮的眉心微微一皱，但立马又舒展开了，他说道：“是吗？那你是为了守护世人杀王妃？可是如果王妃被你杀了，我的麻烦就大了。”

“影”话音未落，周围的空气变得越来越阴森恐怖。

托莱亚心想：“他是要动手了吗？可是如果‘影’动手杀了我，他也会遭到我的尖刀反噬。‘影’不可能不知道这一点。那他想干什么？”

托莱亚心中充满了疑惑，没注意到“影”朝自己抛出了某种东西。

“啊！”

没等托莱亚反应过来，她已经被绑在了身后的大树上。托莱亚的双手双脚都被绑上了黑色的粗网，整个人被挂在了树干上。

“你就暂时待在这里吧。捆住你手脚的东西，是你的祖先以前从我身上割下来的东西，我留着它就是为了这一刻。”

托莱亚拼命地挣扎，但是始终挣脱不开。“影”俊美的面庞上露出一丝狡黠的笑。

“你就在这儿等着渴死吧。等你死了，你的反噬尖刀会来找我替你报仇对吗？不过等到那时，我已经不会再惧怕你的反噬尖刀了，而且世上也没有任何东西能够再威胁到我。对了，还有一句话我想我应该告诉你，你想杀的王妃，明天也会从这个世界消失，放心吧。”

“……这是怎么回事？”

“影”没有回答，他径直朝托莱亚的马走去。马因恐惧变得暴躁，“影”只是看着它。突然，“影”的身后伸出了几只黑色的触手，像鞭子一样狠狠抽打马头。马被拍倒在地上一动不动，马背上的行李摔到地上散了一地。

“哎呀，你带了这么多我害怕的东西来呀，要是不下心碰到了，可真是危险。不过……这件东西我可不能留给你。”

“影”看到行李中的通信镜，他从背后伸出一只触手狠狠砸向镜子。啪，镜子变得粉碎。

“再见吧，龙蒿家族的勇士。”

托莱亚愤怒呼号，但“影”早已没了身影。

“影”刚回到梅尔辛城，王妃立马搂着“影”说：“你又跑到城外去

了，真讨厌。你每天晚上都去干什么了？”

“影”嘴上说都是些不值一提的小事，已经解决了。

“那个唯一能消灭我的人类，她的‘反噬大尖刀’已被我埋葬。”

但是王妃似乎不满意这个回答，抱怨道：“明天可是我们的大日子。这么重要的日子前，你竟然不陪着我。”

“影”甜言蜜语地哄着王妃。虽然王妃仍然面露不满，但是“影”知道她心里已经没有抱怨了。“影”心想“这副皮囊”真好用。

“影”知道，眼前的这个女人是“第一人”的后代，也是重现旧罪的载体。“影”盼了许多年才盼到她降生人间。从这个女人离开乐园第一步开始，“影”就一直在明里暗里诱导她。有时以“影”的姿态在她的潜意识中蛊惑她，有时化作不同的人与她搭讪。这个女人从头至尾都没有怀疑过她看到或听到的东西，一直朝着自己预期的方向迈进。这个女人用她的双手帮“影”拿到了所有想要的东西。万人之上的王位、诅咒之法和道具、花刺子模精灵的演算镜，还有大量的宝石。

这个女人和“第一人”一样，贪念都是源自内心的恐惧，但是最终的受益人都将是“影”。只是这个女人什么都不知道，她从来不会怀疑，无论“影”说什么都会欣然接受。理由很简单。

因为“影”只对这个女人说好听的，说她想听的。

只听想听的，不想听的听到了也会置若罔闻。这就是人类的弱点。人类从不会怀疑顺应心意的事情，更不会反思己身。而自己“害怕”的，正是人类的怀疑和自省。

直到前一刻，这个女人都在为“影”收集宝石，因为她的脸、手和手臂上还有被噬数灵带回的反噬尖刀划伤的伤口。而她已经习惯了被划伤，总是说“抹上那个药马上就能痊愈”。

“我们需要的宝石集齐了吗？”

王妃点了点头说："终于集齐了。连我的火蜥蜴粉末也用完了。"

剩下的诅咒用材料都放在了"儿子"——理查德身上。

"这样就可以了，以后您就不用再亲自'施咒'了。"

听到"影"说接下来的事情可以全部交给理查德后，女人不满地嘟囔道："可是还是没能把妹妹解决掉。"看来王妃是真的不想给妹妹留条活路。

"而且为了以防万一，我曾经召唤了一群'恶灵'去捕杀'养女'，但是没有一只回来，她一定是死了吧。算了，反正那个孩子也没什么用了，不管她了。"

王妃口中的养女，指的就是娜嘉。之前在城墙附近看到娜嘉时，王妃就感觉她有点儿怪怪的，怀里像是藏了什么。还没等王妃搞清楚她藏了什么东西和想要做什么，娜嘉就消失了。王妃怀疑是托莱亚帮助娜嘉逃跑的，而且说不定和花刺子模精灵们的消失有关。不过，现在这些都已经"无关紧要"了。因为就算娜嘉活着，也不可能影响她的"计划"。

"王妃殿下，别再说这些不紧要的话了。我们的重要日子就要到了。首先我们要为明早神殿里的仪式做准备。仪式结束时，就是您获得'神数'的时候，等您拿到了'神数'，您一定会比现在更美丽。"

听到这些话，王妃心花怒放，她满脸笑容地说道："我已经命下人制作了配得上"不老神数"的衣服，真期待你看到我穿那套衣服时的表情。"

"是的，我也十分期待。"

"影"是真的很期待。只要再过几个小时，他的计划就要成功了。

"为何我没有命运数？没有外表？"这正是创世以来"影"一直苦恼的问题。多少年过去了，"影"一直苦苦寻找自己缺失的这"两件东西"。但是这种痛苦很快就要结束了，"影"再也不用去嫉妒神、精灵，还有人类那些“拥有命运数的存在”了。此时的“影”心想，精灵和人类，最终都不过是被自己利用的工具。

又一阵喧闹声传来，应该是又有参加宴会的客人到了。前来祝贺这一值得纪念的日子的人们，他们将永远无法离开这里。

“明天的宴会将成为所有人类的最后晚餐。好好享受你们最后的晚餐吧。”

第十章

化身为神

今天有点儿不对劲。

这天清晨，在昏暗的蜂屋中，化身为“玛蒂尔德”的碧安卡紧锁着眉头。本该今天能集齐的最后一种“蜂毒”，却怎么也取不出来。

碧安卡找到原因了。现在明明已是拂晓，但是天色却异常昏暗。虽然天上云层很厚，但是这绝不是导致天色昏暗的唯一原因。碧安卡看向东边的天空，云层背后的太阳有些变形。光线微弱，泛着红色。

太阳被月亮遮住了吗？

恐怕这就是导致蜜蜂活动异常的原因。可是如果不能取到蜂毒，之前所有的辛苦都将化作泡影。碧安卡在焦急中想起乐园园长说的话。

“我无法帮你实现你的目标。如果可以的话，我希望神能阻止你的计划。”

园长的话里饱含了对自己的关心，但是园长的爱仍旧没有动摇碧安卡的决心。她甚至反问园长：“你是那个女人的妹妹，这么多年来她令你吃了那么多苦头，你为什么不报复？园长你难道不想战胜那个女人吗？我就是想让她尝尝失败和绝望的滋味，让她被轻视被诅咒，然后永远从我的人生中消失。园长难道您不是这么想的吗？”

“杀死对手并不算胜利。”园长回答碧安卡，“我很难过也很遗憾姐姐变成了那样。的确，我也会瞧不起她或可怜她，也想过要阻止她愚蠢的行为。但是对姐姐，我没有像你那样强烈的杀意。”

碧安卡不解地看着园长，问道：“为什么园长您能这么冷静？”

听到碧安卡的问题，园长慢慢闭上眼睛回答道：“或许因为我没有你那么害怕她吧。”

每每想到这句话，碧安卡都会心跳加速。园长的话赤裸裸地点出了碧安卡内心的恐惧。不过当时碧安卡不仅硬着头皮否认了自己内心的恐惧，而且还愤愤地指责园长：“那是园长您个人的想法。我不能理解，虽说园长您……不能离开乐园……但是为什么还要任那个女人肆意残害他人？”

“我没有采取措施是因为我不知道应该怎么做。我能做到的事情，哪些算是人类世界中的，哪些又算是神域中的？在‘那个时间点’到来之前我不会采取任何行动，但是当那个时间点到来的时候，我会遵循神意。不管……最终我和姐姐甚至世界会是什么样的结果。”

直到现在，碧安卡仍然不能理解当时园长说的话。但是园长的最后一句话深深刻在了碧安卡的脑海中。园长说：

“诅咒与祝福二者互为一体。”

突然，蜜蜂拍打翅膀的声音越来越大，把碧安卡从回忆拉回到了现实里。蜜蜂终于要开始工作了，碧安卡很快就能拿到蜂毒了。

“我想对那个女人做什么呢？”

碧安卡的本意是想诅咒那个女人，可是如果诅咒也是祝福的话……“不，不能这么想。管它是诅咒还是祝福，反正所有都将在今天结束。今天将是那个女人的末日，也是我的末日。”

碧安卡摒除杂念，走向蜜蜂。

“我还是很讨厌这里。”

达莱特说。麦姆早就想说了，扎因和格义麦勒应该也有同感。

飞在最前面的是格义麦勒和达莱特。进入镜子后，大家飞到一条细管般狭窄的小路上，沿着小路蜿蜒的走向飞行。

虽然镜中世界中的所有东西都是互连的，但是如果在外面世界中的距离本就很远的话，相应在镜中世界的距离也不会太近。尤其这次大家不是从计算用的演算镜中进入镜中世界的，所以离“圣书”的距离相当远，并且途中有很多岔路。幸好格义麦勒和达莱特曾经长时间来往于“圣书”，才能把握飞行方向没有走错路。大家飞行了很久。等到大家飞到“圣书”附近时，已是离开乐园几个小时后的事了。麦姆心想或许外面天都亮了。

“圣书”周围万籁俱静，“神使”也消失无踪。

“就是那个，通往那面镜子的入口。”

格义麦勒手指着前方青黑色的门，不高兴地说。可是除了继续前进也没有别的办法。当大家慢慢靠近入口时，门突然开了。两个影子从门里窜了出来。

“啊！什么东西？”

原来是两只带翅膀的家伙。他们从背后看很像精灵，但很明显不是，是“异形”，因为他们“没有脸”，圆脑袋上没有眼睛、鼻子、嘴巴和耳朵。

两只异形毫不在意麦姆他们的突然出现，径直朝“圣书”飞去。

“它们从这里面飞出来，也就是说……它们是那个女人的手下吗？”

扎因看着两只飞走的“异形”问麦姆。它们肯定不是精灵，自己也从没听说过世上有无脸精灵的存在。扎因心中莫名涌出一种不好的预感。

“这是什么情况我也不太清楚……估计是那个女人用什么邪门歪道

仿造我们制作出的‘赝品’。”

扎因估计入口背后的“那个镜中世界”里一定还有这种奇怪的东西。格义麦勒说：

“要走的话就是现在，趁那俩家伙去‘圣书’的时候赶紧走。只是不知道里面还有多少只这种家伙在等着我们。”

听到格义麦勒的话，大家纷纷表示赞同，钻进了入口。离那边越近，麦姆心里越能感觉到似曾相识的沉重感，他心想还好没带卡夫来。

“到了，这里就是通道的出口了。”

顺着格义麦勒的声音向上看，出口里露着微光。麦姆做好心理准备，和大家一起向上飞。穿过狭窄的通道后，视野变得宽广且明亮。贴在墙壁上的“分解书”、工作台依旧如故。只有两点不同，一是这里的工作者变成了无脸精灵，另一个是墙壁上方的“镜子”形状变了。

“小了好多啊。”

他们之前使用的镜子——王妃向他们发送命令的镜子是一面大大的椭圆形镜子，可是眼前只有一面小小的圆镜。

怎么回事？发生了什么？精力们的心中充满了疑惑。为了避免引起无脸精灵的注意，麦姆等人贴着墙壁，一点点朝镜子方向挪动。到镜子附近后，大家通过镜子窥探外界的情况。和他们预想的不同，镜子外面并不是王妃的实验室。

镜子里投射出一间宽敞的礼堂，四周的墙壁是优雅的淡蓝色。镜子左边可以看到四根耸立在屋子中央的白色圆柱和镶着镜子的拱顶，圆柱附近有许多身着盛装的宾客。镜子右边的墙壁上画着王妃的画像。此刻，王妃正坐在墙壁前的王座上，身旁站着一位身披黑袍的高个男子。如果说王妃的位置在礼堂深处，那么这面通往外面世界的镜子应该是在礼堂深处的右侧。

王妃为什么要把镜子带到这种地方？

此刻镜面上浮现出一排字，直指“圣书”中的某个位置。字的下方是一个人，站在王妃正对面的人群中的一个人。

这就是那个人的命运数在“圣书”中的位置吗？

麦姆低头向下看，两只无脸精灵从大家刚刚穿过的通道飞了出来。它们一飞出来，其余的无脸精灵立刻开始工作。毫无疑问，它们正在进行“分解”的工作。它们在分解那个人的命运数。

外面的世界像是被按下了暂停键，定在了这一秒。因为只要镜中进入到“计算”程序，外面的时间就会停止流逝。麦姆心想，外面的礼堂里应该没有召唤噬数灵的材料和道具，那么王妃让无脸精灵做“分解”又是为了什么……

“麦姆。”

麦姆被扎因的叫声拉回到现实中。看到扎因脸色苍白，麦姆急忙问道：

“怎么了，扎因？”

“那家伙……那个男人……”扎因指着站在王妃身边的男子说。

“怎么了？那家伙怎么了？”

“那家伙。我在他身上感觉到了加迪的气息。”

“你说什么？真的吗？”

“嘿，麦姆、扎因！小心！那群无脸怪已经算完了。接下来应该马上会把‘结果’反馈到镜子里。”

被达莱特提醒后，麦姆和扎因急忙飞离镜子。因为下方看不清镜子里的情况，所以麦姆和扎因飞到镜子上方，钻进了墙壁上一个凹凸不平的洞里。麦姆和扎因刚躲进洞，就看到一只无脸精灵飞到镜子前，把“计算结果”放到镜子上，然后回去了。“计算结束”了。与此同时，外面世界的时间重新开始流动，镜子里又传来礼堂里人们觥筹交错的喧闹声，以及乐师们演奏的音乐。其中还有那个女人——王妃的声音。

“今天把大家召集到一起，是想告诉大家三件重要的事情，也是三个好消息。”

许久未听到王妃的声音了，现在突然听到，麦姆感到背脊发凉。看来精灵们、托莱亚、娜嘉的出逃似乎没有对那个女人产生什么影响。王妃继续说道：

“第一，我想大家已经听说了。那个背叛我的愚蠢丈夫，以及想帮助他的厄尔多大公国的公民们，均因触犯神怒遭到了神罚，现在都不在人世了。如今再也不用担心那个男人和厄尔多大公国会对梅尔辛王国造成威胁。”

王妃话音刚落，礼堂里响起雷鸣般的掌声。

“第二，我将替代那个愚蠢的男人掌管梅尔辛王国。我，将作为女王，永远统治梅尔辛王国。”

这次等待王妃的不是掌声，这个消息犹如一颗重磅炸弹扔进了人群中，人群里立刻炸开了锅。王妃早就知道大家会有这样的反应。

“永远统治是什么意思？”

听到人群中抛出的问题，王妃高声回答：

“问得好。就在刚才，我已经获得了‘神之命运数’。众所周知，我本来就拥有‘祝福数’，但是现在我有了更伟大的数——‘不老神数’，所以我不会衰老，更不会死亡，我将永远统治梅尔辛王国。”

“什么？”麦姆和扎因再次飞到镜子旁，看着外界的一举一动。镜子里，那个女人正微笑地看着众人，看起来比以前更神采奕奕。女人一袭白裙，白裙上绣了一朵金色的大百合花，长长的裙尾拖在地板上，像是婚纱一样。

“那个女人真的获得了‘不老神数’？”麦姆和其他三位精灵十分诧异，镜子里也传来外面礼堂上质疑的声音。不过，这丝毫没有影响那个女人继续向大家宣布第三个“通知”。

“最后我要通知大家，站在我身边的这位年轻诗人拉姆蒂克斯，将成为我的新任丈夫。作为女王也就是我的丈夫，他将与我一同管理这个国家。你们将成为我，以及我的丈夫的臣民。下面我们要去神殿举行结婚仪式，请大家一同前往。”

王妃话音刚落，会场上沸沸扬扬，像是炸开了锅，看来没人能接受王妃这般草率的决定。礼堂里的人们向王妃及她的新丈夫——黑袍男子发出强烈的抗议。看样子一场暴乱即将来袭，麦姆这样想到。突然，王妃高声说道：

“哎呀，看来大家都不听话呀。没关系，反正我已晋升为不老神了，这种不听话的臣民不要也罢。”

看到嚣张跋扈的王妃，众宾客一时间噤若寒蝉。突然，王妃看向镜子，喊道：

“理查德！快来助我一臂之力！”

王妃向镜子发出命令。顷刻间，麦姆看到镜子中投射出的外面的世界开始剧烈晃动。

“这面镜子——在移动！”

正如达莱特所说，镜子正朝着王妃走去。走到王座旁边后，镜子突然调转方向对着众人。一张张焦虑不安的脸出现在镜子中。

“这是要干什么？”

突然，麦姆感到有人在向下拉扯自己的右腿。

“啊！”

麦姆的背后是无脸精灵！不仅麦姆，达莱特、格义麦勒还有扎因都各被一只无脸精灵捉住了。除了这四只无脸精灵外，下方的工作台旁还有五只无脸精灵。他们明明没有脸，却都抬头看着这边。

“可恶，被发现了！”

“既然如此，我们只能动手了。”

扎因和麦姆冲达莱特和格义麦勒点点头表示同意。他们同时俯身飞冲直下，殴打无脸精灵的面部。正在这时，镜子里传来王妃的声音。

“前来赴宴的贵宾们，吞噬各位命运数的噬数灵均已就绪！它们就在理查德的身体里！”

◇

碧安卡抱着黑壶一路狂奔。虽然已经用手紧紧压住了壶盖，但壶身仍咣咣作响。看来是里面的东西“想出来”。

“我也想把你放出来，但是还不到时候。”

不亲眼看着壶里的噬数灵“吞噬”掉那个女人，就没有任何意义。

此刻，碧安卡还是“玛蒂尔德”的模样。前些日子，不知谁把蜂屋里自己变身用的“素数蜂蜂蜜”拿走了。碧安卡心想，或许是王妃让拿走的。不管是谁拿走的，反正碧安卡早已下定决心，不再变身，用“黑衣玛蒂尔德”的模样送那个女人上路。

“黑衣玛蒂尔德”代表着碧安卡内心的阴暗和脆弱，碧安卡选择用“玛蒂尔德”的外貌，也是想让那个女人眼睁睁地看着她自己死在她以为的忠仆手上。单是想到这一幕，碧安卡的心里和眼罩下的伤口又疼了起来。接下来，自己仍会以玛蒂尔德的样子遭到那个女人的“尖刀”反噬而死。没关系，这样就好。碧安卡再也不会因乐园园长的话感到困扰和犹豫。

可是，当碧安卡走到礼堂附近时，礼堂里沸反盈天的喧闹声令她感到不对劲。虽然声音不是很清楚，但是碧安卡听到了那个女人的话。

“反正我已晋升为不老神了，这种不听话的臣民不要也罢。理查德！快来助我一臂之力！”

理查德？碧安卡心中充满疑惑，理查德也在礼堂吗？

礼堂里传来阵阵悲鸣声。突然，礼堂大门被打开了，灯光洒在外面的地面上。一名宾客从礼堂里飞奔而出，可是最终还是被一只长着圆脑袋的半透明蜥蜴吞进了肚子里。

那是噬数灵！

眼见一名宾客被噬数灵吞进了肚子里，碧安卡迅速躲到门后观察礼堂里的情形。礼堂里一片混乱。有的人四处逃窜，有的人蜷缩在角落，有的人哆哆嗦嗦地用剑刺向空中的噬数灵。混乱的人群对面是——

理查德！

在礼堂尽头，摆着王座的地方站着三个人。诗人、王妃，还有理查德，不过理查德不能算是“人”了。虽然从外形上看那的确是理查德无疑，但是从他的表情和站姿来看，那明显不是活人，反倒更像一个陶制的人偶。而且理查德的“右眼”里没有眼白和黑眼珠，只是单纯地发着银光。

那是镜子。

理查德的右眼是镜子。当碧安卡意识到这一点时，站在人群对面一动不动而且面无表情的理查德突然张开了嘴，巨大无比，几只噬数灵从里面飞了出来。

噬数灵从理查德的嘴里飞了出来！

没错。理查德能够使用“恶魔之眼”，只要使用恶魔之眼，就可以向镜子里的精灵们指出恶魔之眼注视的人的命运数在“圣书”中的位置。而且，有镜子就能“分解命运数”。或许理查德体内早被放置了制作噬数灵需要的材料，也就是说，现在的理查德已经成为那个女人的“新实验室”了。

想到这里，碧安卡感到一阵恶心。理查德被复活后竟变成了怪物，而且还是能制作噬数灵的怪物。碧安卡把视线投向王妃。王妃右手挽着诗人，微笑地看着噬数灵从理查德嘴里一只接一只地飞出来。王妃看起来比从前更加神采奕奕和光芒四射。

碧安卡不禁感到心寒。她不明白为何王妃会下得去手，理查德不是王妃唯一真正心爱的人吗？不，不是的。最后连理查德也沦为了那个女人的工具。

礼堂里的宾客们一个接一个地被噬数灵吞到了肚子里，逃窜的人越来越少。终于，理查德不再向外释放噬数灵，碧安卡看到理查德身上布满了刀伤。不难想象，这些伤口都是刚刚理查德诅咒对象的命运数中的反噬尖刀留下的。虽然伤口正在愈合，但是愈合的速度很慢。

看来停止释放噬数灵是为了让伤口愈合。

这时，王妃对躲到墙角的人说：

“现在，你们是否愿意臣服我这个‘女王’，还有我身边这位诗人拉姆蒂克斯？”

其实王妃并不是真的在询问别人的意见。虽然剩下的人都点头表示愿意，但是没人可以保证他们能活下去。

“要报仇，就是现在。”

碧安卡双眼一闭把心一横，只身奔进灯火通明的礼堂里。

从“王妃”到“女王”，到获得“不老神数”的当下，王妃感受到了至高无上的快感。

“现在，衰老、死亡统统都与我无关。”

直到现在，王妃才看清自己心底是多么惧怕衰老与死亡。这一切都是拜自己那个愚蠢自负的妹妹所赐。彼时，妹妹摆出一副瞧不起人的样子，对她说：“你最终会年老衰竭而亡。”那个无能的人类，那个命运数小得可怜的妹妹，却还敢吓唬她。王妃心想，还好自己终于战胜了这份恐惧。

王妃十分满意现在的自己，心底充满了自己无所不能的万能感和世上自己最强最美最优秀的自信。

但是……

王妃还有一件担心的事情。刚刚王妃对那群愚蠢的臣民说："我已经获得了一个'不老神数'。"

一个"不老神数"。这意味着王妃已与众"不老神"平起平坐了。但是，事实上，她获得的新命运数524287是"不老神数"中最小的一个。所以，不是平起平坐，而是站在了"不老神"的"队尾"。前面有那么多命运数大于她的不老神，而且不老神之上还有"不灭神"，最上面还有"唯一最高神"——"万数之母"，即"数之女王"。

获得"不老神数"前，王妃从未想过这些事情。但是如今已经获得了"不老神数"，她开始不自觉地在意起这些了。哪怕看到那些愚蠢的臣民相继死在眼前，看到"理查德"为了自己变成一个吞吐噬数灵的怪物，王妃心里始终无法放下这一执念。

也许是因为思虑过多，王妃感到有些头晕，于是她倚在诗人怀里。诗人扶着王妃，轻语道：

"看来'命运数'还未彻底稳定下来，小心点儿。刚才在神殿仪式中进入您身体的'宝石'还需要些时间才能与您的身体和命运真正融合。在接下来的数小时中，可能会出现新获得的'不老神数'与'原始命运数'交互碰撞的情况。"

王妃作出可人的模样向诗人答道："好，我会注意的。"

眼见宾客们已死伤大半，王妃问仅剩的几人是否愿意臣服于自己。其实王妃根本不在意他们的回答，因为他们的生死都在自己的一念之间。想到这儿，王妃满意地笑了。

就在此时，“她”出现在王妃的眼前。

“玛蒂尔德？”

王妃发现黑衣侍女有些古怪，她那张向来冷漠无情的脸上竟然露出了愤怒的表情。而且，她正冲着大厅里苟延残喘的人喊：

“大家听着！继续留在这儿会没命的，快跑！”

躲在角落瑟瑟发抖的人，像是被玛蒂尔德的话点醒，急忙朝大厅正门跑去。

随后，玛蒂尔德直直地看向王妃。刹那间，王妃甚至不敢相信自己的眼睛，眼前的这个人真的是平日里对自己唯命是从的玛蒂尔德吗？突然，王妃发现玛蒂尔德腋下的黑色小圆壶十分眼熟。那个壶是……

“危险！”

诗人大声叫喊的同时，玛蒂尔德已经打开了壶盖。一个半透明的黑影从壶里飞了出来。

“是噬数灵！”

看到噬数灵张着大嘴朝自己飞来时，王妃不由得大叫：

“啊啊啊啊啊！”

王妃不敢相信自己竟发出了这般不堪入耳的尖叫声，更无法相信世间竟然有噬数灵会攻击自己。噬数灵带来的风压让王妃径直倒地，诗人急忙过来扶自己，但是因为过于惊恐，王妃不敢睁开眼睛。

正当王妃感觉自己要被噬数灵吞噬的时候，她突然感到噬数灵带来的风压骤减。王妃缓缓睁开眼睛，看到噬数灵已飞向屋顶，然后又转头朝对面的墙壁飞去了，像是找不到猎物般四处乱撞。

“看来那只噬数灵的目标是您的‘原始命运数’。”

诗人抱起王妃说。王妃听毕，眉间一紧。

“原始命运数”？怎么回事？王妃想，自己的“原始命运数”，也就是自己与生俱来的命运数不是“祝福之数”吗？那是一个很大的“素数”，怎么会有噬数灵能吞噬这么大的数？这世上根本不可能有这么大的素数蜂。

王妃勉强站起身，视线落在玛蒂尔德身上。玛蒂尔德站在满是宾客尸体的礼堂中央，眼睛紧盯着噬数灵的动向。玛蒂尔德突然看向王妃。玛蒂尔德用黑色右眼迎接王妃的视线，怒目圆睁地说：

“你是不是对自己的命运数做了什么？刚刚你说‘自己已经晋升为不老神了’，也就是说你获得了‘不老神数’，对吧？其实，你的命运数是一个藏有巨大裂缝的数。可惜……”

藏有巨大裂缝的数？王妃露出不解的表情。这时，身边的诗人低声提醒王妃：“小心！”原来在屋顶附近徘徊的噬数灵又掉头朝王妃飞来，王妃又吓得尖叫，可是噬数灵又在离王妃咫尺的地方调转方向飞去了别处。诗人紧张地说：

“没想到在体内新数‘彻底融合’前，竟然会发生这样的事情……”

“究竟是怎么一回事？”

王妃质问诗人。王妃听到自己声音中的哭腔，她心中十分混乱，她没想到自己竟是如此惧怕。不等诗人开口，玛蒂尔德先说道：

“一直以来你都坚信自己的命运数是‘祝福之数’，对吧？但是你错了。你的命运数是464052305161，它可以被分解成4261、8521和12781。想对这个数施咒的确很难，但并非不可以。”

“玛，玛蒂尔德……你是谁……”

诗人抢先回答了王妃的问题：“看来，你是碧安卡。为什么之前我一直都没有发现……”

碧安卡！听到这个名字，王妃大吃一惊。

“不可能……”

又一阵恐惧涌上王妃心头。王妃无法相信眼前的这个人竟然是自己的亲生骨肉，是和自己长得一模一样但比自己更年轻、貌美、聪明的女儿。过去女儿的存在令自己感到难受和深深的威胁。当确定女儿“已经死了”，自己心中的石头才算落了地。可现在那个女儿又出现在自己眼前……不，是一直“活着”，而且是一直“活在自己身边”！

想到这儿，王妃不禁打了个冷颤，嗓子里挤出不似呻吟也不似叫喊的怪音，王妃已经顾不上脸上是何种表情了。玛蒂尔德像是为了进一步刺激王妃，摘下了戴在左脸的眼罩，露出贯穿左眼皮中央处的细长伤疤。

王妃惊恐地搂住理查德叫道：

“理，理查德！诅咒那个女孩！快点诅咒碧安卡！”

可是理查德一点儿反应都没有，看来理查德还没有完全“恢复”。玛蒂尔德一双黑眸紧紧地盯着王妃，毫不在乎地笑着说道：

“我不怕死，反正我已经在你手上死过一回了。横竖都是死，如果噬数灵把你吞进肚里，我也会遭到你的尖刀反噬而死。不过现在还有点儿时间，要不我再告诉你个秘密？”

玛蒂尔德话语中的轻蔑激怒了王妃，但是王妃仍止不住因害怕而颤抖的身体，嗓子里也发不出任何声音。

“那个你无比信任的男人早就背叛了你。你认为他为你栽培了‘斐波那草’对吗？不，你错了。”

怎么回事？王妃睁开眼看着诗人，诗人正板着脸看着玛蒂尔德。突然，王妃感到左手一阵疼，低头一看，左手手背裂开了数不清的伤口。鲜血从伤口中流出，染红了她的左手。

王妃不由得倒吸了一口气。可是很快，裂口开始向左手的手腕、胳膊肘蔓延，疼痛席卷全身。接下来……是脸！痛感蔓延至她的脸庞，王妃感到脸上每寸肌肤都在溢出温热的液体。

“这是什么？到底怎么回事？”

诗人冷漠地看着尖叫的王妃，似乎不屑解释。反倒是顶着玛蒂尔德之形的碧安卡回答了王妃的疑问：

“你的那位诗人在你的伤口上抹的不是斐波那草，而是和斐波那草很像的‘卢卡斯草’。虽然卢卡斯草的生长速度比斐波那草快，但是用卢卡斯做药只能治标不能治本。抹上卢卡斯草制的药膏，看起来恢复速度比斐波那草快，但实际上伤口并没有愈合，而且还会再次裂开。”

碧安卡又问诗人：“你种卢卡斯草时，就已经知道这些了吧？”

“你怎么知道？”诗人的声音有些嘶哑，不似平日的清澈透亮。

“药草上的花头数说明了一切。斐波那草的花头数从 1 开始，紧接着还是 1，然后是 2、3、5、8，逐渐递增。这正是自然界中的常见数列。但是你种在药草田里的药草花头数不同，虽然都是从 1 开始，但你种的药草接下来的花头数是 3。”碧安卡说，“接下来，卢卡斯草的花头数是按照 4、7、11 的规律递增，与斐波那草完全不同。”

“为什么？为什么给我用那种假药膏？拉姆蒂克斯，你是爱我的吧？对吗？”王妃清楚地知道自己美丽礼服的袖口、领口已沾满了鲜血，贴身衣物也被鲜血浸透紧紧裹在了身上。可是即便如此，这一刻她仍在等着诗人对自己甜言蜜语，等着诗人对自己这位世间最美最厉害的人示爱。可惜诗人一句话也没说。碧安卡放声大笑：

“太可笑了。难道你还认为那个男人是爱你的吗？你被利用了啊。那个男人和你一样，只会利用别人，根本不懂爱为何物。”

只会利用，根本不懂爱为何物。说这话时，碧安卡收起了笑意，眼里充满了憎恨和愤怒。这时，飘荡在屋顶附近的噬数灵停了下来，调整方向朝王妃飞来。

“瞧，我那可爱的‘恶灵’又认出你了。也许你不清楚，没关系，我来告诉你。失去目标的‘恶灵’在接下来的数小时内会一直不断地来回寻找目标，为什么我会知道？因为八年前，我曾被你的‘恶灵’四处追赶。哈哈，你说你能不能成功逃脱？”

碧安卡说话时，噬数灵已径俯身朝王妃冲来。目睹了一切的诗人嘶哑着声音喃喃自语道：

“……彻底融合后就好了……没想到会发展成这样。”

说完，诗人像是睡着般闭上眼睛倒在了地上。王妃吓得急忙摇晃诗人，可是诗人一动不动。但是，就在刚刚诗人站立的地方传来一个陌生且奇特的声音，既像大地震动的轰鸣又像孩子的低语。

“现在，这副躯壳已于我无用。我要吞噬你。”

声音传来的地方突然出现一团黑雾。黑雾越来越大，边缘的突起突然分成了五个触手把王妃完全包裹起来，王妃眼前一片漆黑。紧接着，王妃感觉到了剧烈的撞击，随后好像有什么东西被弹了出去。接下来，她清楚地听到了“外面的声音”的话。

“小姑娘，你的噬数灵已经没用了。它不可能吞噬你的母亲了，你的母亲已经在我肚子里了。怎么样，我帮你完成了你的愿望，你那残暴的母亲再也不会回来了。”

王妃听不清碧安卡在外面说了什么，她只听到自己所属的身体发出的“怪声”。

“我没有名字。但是，现在我已经是不灭神了，而且我将是这世上唯一的不灭神。因为我会把这世上的一切都毁掉，人也好，精灵也罢，其他所有的神都将死于我手。所以姑娘，你最好也老老实实地去死吧。”

接下来，“怪声”命令旁边的理查德：

“理查德，我的‘杰作’，我命令你诅咒你眼前的所有人。”

沉醉在报仇快感中的碧安卡看到诗人周围突然出现的黑雾，思绪被拉回到现实中。黑雾“舍弃”了诗人的躯壳，黑雾之中隐约露出一个小小的人影。

小孩子？

黑雾越来越浓，中间的人影被掩了起来。没等碧安卡反应过来，黑雾突然裂变膨胀，把王妃吞了进去，然后化成了王妃的模样。黑雾幻化出的王妃一改刚才痛苦绝望、满身沾满鲜血的惨状。新王妃身形庞大，头顶直达天花板，浑身上下都散发着耀眼的翡翠色光芒。这时，碧安卡召唤出来的噬数灵朝着新王妃猛扑了过去，但被一股强烈的力量瞬间弹向上空，消失在天花板里。

碧安卡冲黑雾化作的王妃喊：“你是谁？”那家伙答道：“我是不灭神。”随后，它向理查德下达了命令，然后化作一团雾气消失了。这时，碧安卡看到理查德镶着镜子的右眼发出了亮光。突然，一阵喧闹声从碧安卡身后的大门处传来，原来是卫兵们听到会场的骚动赶来了。

“糟糕！”

理查德看向突然出现在门口的卫兵。碧安卡大声提醒卫兵们：

“各位！被理查德看到就活不了了！赶紧离开这里！”

可是卫兵们一头雾水。只见理查德朝其中一名卫兵吐出了噬数灵，那名卫兵很快被噬数灵吞进了肚里，横倒在地上。见状，碧安卡用尽全力大声喊道：

“所有人！快跑！”

眼见伙伴死在眼前的卫兵们听到碧安卡的话，张皇失措地向门外逃去。其中一名卫兵因为太着急，脚被绊了一下摔倒在地上，后面的几个卫兵跟着接连倒地。于是，碧安卡冲理查德喊：

“理查德！你不是要施咒吗？先冲我来吧！来呀！”

理查德的“镜之眼”迅速捕捉定位到了碧安卡。碧安卡心想，现在镜子里一定在“分解”自己的命运数，接下来很快就会有噬数灵从他的嘴里飞出来。这些卫兵能不能抓住时机逃掉？不，肯定来不及。

“只要一瞬间就好，请再多给我点儿时间。”

碧安卡朝着理查德的方向全速奔跑。

麦姆他们已经累得精疲力尽。

虽然无脸精灵并不强，但是麦姆他们也架不住这么多无脸精灵轮番攻击。刚把一只无脸精灵打到昏迷，马上不知从哪又飞出一只来。而且过不了多久，被打昏的无脸精灵还会醒过来。

“还真是没完没了。”格义麦勒两只手分别提着一只无脸精灵，喘着气说。在格义麦勒的对面，达莱特正抓着一只无脸精灵的双脚拼命甩动，但是他的脖子却被另一只无脸精灵的胳膊锁住了。被勒住脖颈的达莱特发出痛苦的叫声。麦姆用力把身边的无脸精灵全部踢飞，想去救达莱特。可是达莱特却扯着嗓子喊：

“啊，麦姆、扎因，你们快出去！这里我和格义麦勒想办法应付！”

“还能有什么办法，你们搞不定呀！”

的确如此。四个人或许还有可能突出重围，但是如果自己和扎因走了，格义麦勒和达莱特就只剩下被无脸精灵围剿的命了。那样的话，他们可就没有活路了。更何况他们的体力也已经快撑不住了。

“喂，麦姆！那个姑娘在外面！黑衣女子，娜嘉的姐姐！”

扎因挨了无脸精灵一脚，痛苦地喊道。麦姆转头看向小圆镜子，镜子里的黑衣女子确实是娜嘉的姐姐，碧安卡。碧安卡正朝镜子奔来，却突然静止了，像画一样一动不动。很快，碧安卡头顶浮现出一排文字。

那是提示“圣书”中页码所在位置的文字。也就是说，这排文字揭示了碧安卡的命运数在“圣书”中的位置。看到镜子上出现文字后，一部分无脸精灵从和麦姆等人的搏斗中退出，扭头开始准备工作。有两只无脸精灵朝地板上的洞口飞了过去。

“糟糕！他们要开始‘分解’了！”麦姆朝达莱特和格义麦勒喊，“达莱特！格义麦勒！快把刚刚飞进‘洞口’的家伙拦下来！一定要在它们飞到‘圣书’前拦下它们！”

被无脸精灵围困的格义麦勒大喊：“麦姆，你和扎因没事吧？”

“我们还好！这些家伙要去‘分解’那个黑衣女子的命运数！不拦下它们就完蛋了！”

麦姆话音刚落，达莱特和格义麦勒几乎同时发出怒吼赶跑了围在身边的“无脸怪”，然后用尽全力冲向“洞口”。可惜在他们到达洞口前，那两只“无脸怪”已经拿着命运数的“复写纸”从洞里飞了出来。看来它们已经从“圣书”回来了。

“拦住它们！去抢‘复写纸’！”

达莱特和格义麦勒俯冲直下，对着那两只无脸精灵的脑袋一阵猛打。两只“无脸怪”被打得落荒而逃，但又飞来一只无脸精灵拿走了“复写纸”，朝墙壁方向飞去。达莱特和格义麦勒合力拦下了它，结果又惹来了一群“无脸怪”。麦姆见状大叫：

“扎因，你先去抢‘复写纸’！”

“好！”

整个过程中，不断有无脸精灵飞来围在达莱特和格义麦勒身边。拿到“复写纸”的无脸精灵被达莱特和格义麦勒捉住了，它拼命地挣扎，就在它成功挣脱之时，扎因一把抢过“复写纸”。麦姆看到无脸精灵们准备集体围剿扎因，于是飞下来切进无脸精灵之中，把他们的队形搅乱了。

就在扎因拿到“复写纸”的一瞬间，镜外再次传来声响，看来是计算工作被打断了。但是麦姆他们根本顾不上镜子外面现在是什么情况了。

麦姆知道，他们现在要争取时间，同时，他的脑海中浮现出一位女战士的形象。

——托莱亚到哪了？之前托莱亚不是计划在宴席开始前赶到，然后说服并帮助那位黑衣女子离开梅尔辛城的吗？

麦姆陷入思考之际，一只无脸精灵从麦姆眼前飞过，狠狠撞在扎因的脸上。霎时，受到猛烈撞击的扎因陷入了昏迷，松开了手中的“复写纸”。又一只无脸精灵飞来抢过扎因手中的“复写纸”，朝工作台飞去。镜外世界再一次被按下了暂停键。

昏迷的扎因被无脸精灵们扔向墙壁。咚！扎因重重撞在墙上，又摔在地板上。

“扎因，你还好吗？”达莱特大叫。但是扎因一动不动。

“先阻止它们计算！”

“好！”

格义麦勒和麦姆把在工作台计算的无脸精灵踢飞了，镜外又重新传来了声响，可是很快又有别的无脸精灵飞来继续计算工作。麦姆刚拉开赶过来的无脸精灵，一大批无脸精灵立马飞到麦姆身边把他团团围住。达莱特和格义麦勒也是一样的情况。最要命的是，下面的工作台旁依旧有新的无脸精灵赶过去，准备继续“计算”工作。

“啊……已经……没力气了……”无望的麦姆抬头看向上方的镜子。镜子外，一双拳头一拳又一拳狠狠地打在了碧安卡的肚子上，碧安卡被打得连连后退，最后仰面倒在满是尸体的地板上。麦姆在心中默默地向碧安卡道歉：

“对不起！”

这时，从碧安卡的黑袍中滚落出一个又小又扁的东西，那是一面镜子。那正是之前娜嘉进入镜中世界所用的镜子。

说时迟那时快，两个人影从滚落到地面的镜子里飞身而出，飘在半空中。麦姆定睛一看。

“是娜嘉！还有卡夫！”

“为什么他们……”麦姆还没想清楚，后脑勺就遭到了重击，陷入昏迷中。

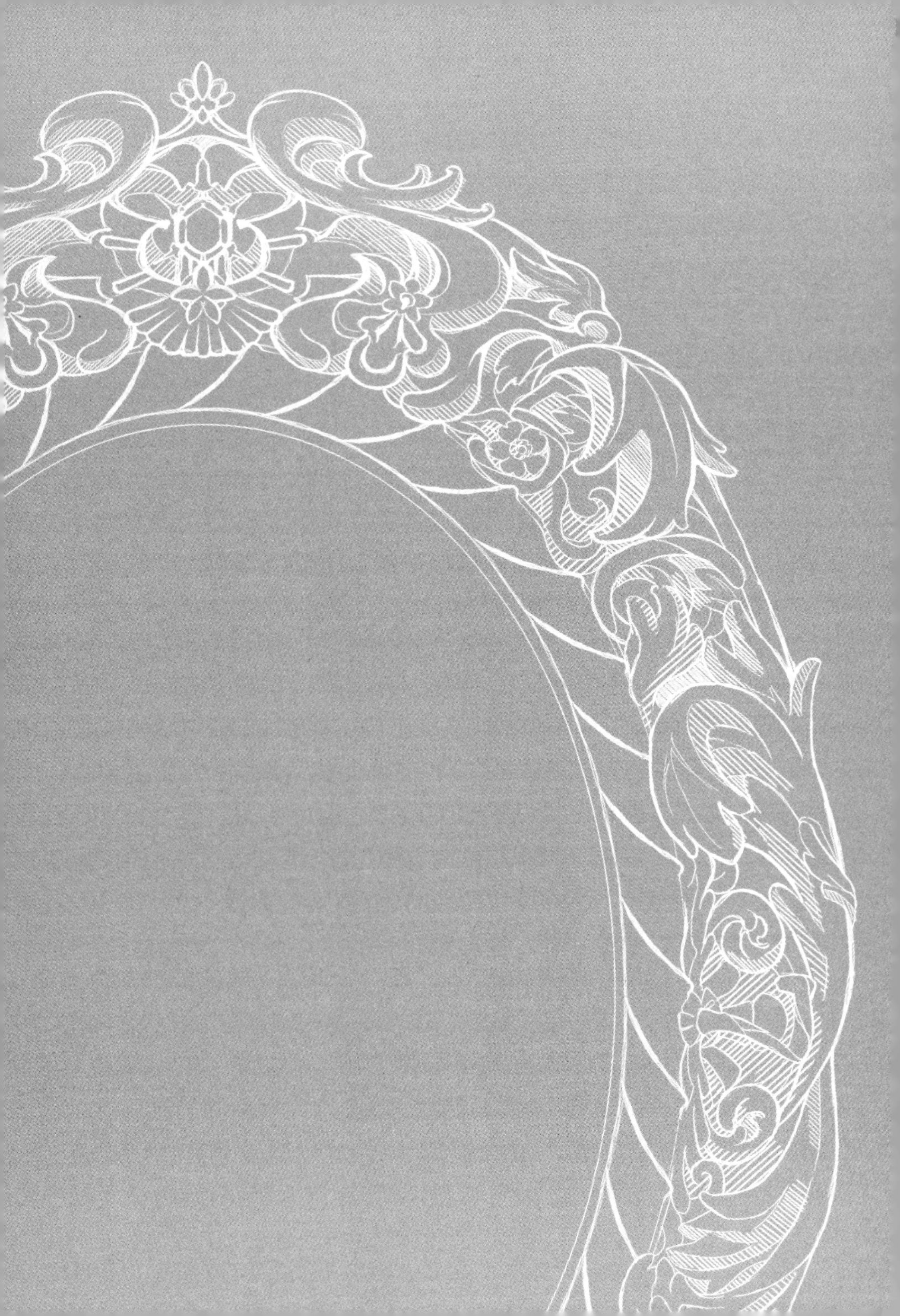

第十一章

“影”的真身

交给托莱亚的通信镜被破坏了，园长注意到这件事后，就赶紧通知了娜嘉和卡夫。

“托莱亚可能碰到什么意外了，不过以她的能力应该还可以保护自己。问题是梅尔辛城。”

园长说着，内心一直在犹豫是否应该让娜嘉去梅尔辛城。最终，在娜嘉和卡夫的坚持下，园长同意了二人去梅尔辛城的想法，并把救出碧安卡的任务交给了他们。

“娜嘉，你去救碧安卡。卡夫先生，娜嘉的安全就交给你了。”

趁着娜嘉和卡夫还在为出发做准备，园长进入圣域向神祷告。也许神听到了园长的祷告，娜嘉和卡夫十分顺利地进到了大厅的通信镜中。可是，他们要从哪出去呢？卡夫大胆地选择了“碧安卡随身携带的镜子”作为出口。也就是之前碧安卡交给娜嘉帮助精灵们逃跑，现在在碧安卡身边的那枚镜子。“不快点与碧安卡碰面就来不及了。”卡夫说着，心中也暗下决心要以那枚镜子为出口。

当他们赶到镜中世界的出口附近时，镜外的情形已十分严峻。或许因为碧安卡把镜子揣在了怀里，所以卡夫和娜嘉只能通过镜子听见外面的声音，看不见外面究竟发生了什么。一阵激烈的声响后，卡夫和娜嘉立刻反应了过来，碧安卡遭到了攻击，而且被击倒在地上了。

顷刻间，镜子亮了起来。通过镜子，卡夫和娜嘉看到了礼堂的屋顶和满地板横躺着的尸体。看来是镜子从碧安卡的怀里滚到礼堂的地板上了。

“走！”

在娜嘉点头前，卡夫已经抓着娜嘉的手向上穿过出口飞了出去。飞到礼堂的娜嘉看到大厅里的理查德后吓了一跳，然后她低头看到倒在尸体堆的“黑衣玛蒂尔德”。

“碧安卡！”

“娜嘉，小心！那家伙有问题！”

卡夫指着张着大嘴的理查德说。理查德的嘴张得太大了，整张脸都快裂成了两半。当娜嘉看到半透明的大蜥蜴——噬数灵从理查德的嘴里飞出来时，吓出了一身鸡皮疙瘩。

“娜嘉！它们要攻击碧安卡！快把三角纹披风丢给碧安卡！”

在卡夫的提醒下，娜嘉急忙把手里的“命运三角纹”披风抛到碧安卡身上。噬数灵撞到披风上被震得粉碎，但是碧安卡仍旧一动不动。

“碧安卡……！”

“一定是昏迷了。快看！王妃儿子的眼睛里有镜子。娜嘉，小心……”

卡夫正说着，理查德又张开了嘴。从理查德嘴里飞出的噬数灵再次冲向碧安卡，撞到碧安卡身上的三角纹披风上。

“啊……碧安卡！”

“娜嘉，又来了！看来那家伙不杀死碧安卡是不会罢休的，快点用‘那个方法’！”

娜嘉点点头。虽然乐园园长帮碧安卡准备了不少御魔披风，但是大部分都让托莱亚带走了。娜嘉手里只有这一件备用的，而且捕兽网的数量也有限。如果噬数灵这么接二连三地来，碧安卡早晚要被吞噬。

使用“那个方法”……得先找到一块“正方形的场所”！娜嘉思考的同时已经开始寻找。她双臂架在昏迷的碧安卡的腋下，一边尽力避开地上的尸体，一边把碧安卡拖到被四根大理石柱围住的场所中央。这期间仍不断有噬数灵朝碧安卡撞来，又被震得七零八落，娜嘉也感受到了噬数灵那强烈的撞击。虽然披风还没有破损，但这么强力的撞击恐怕碧安卡吃不消。卡夫像是看出了娜嘉的担心，对她说：

“娜嘉，把捕兽网给我！我来搞定噬数灵，娜嘉你快去‘做准备’！”

娜嘉把捕兽网掷向卡夫，然后从怀里掏出咒符。

首先要在四根柱子上分别贴上咒符。

娜嘉清楚礼堂里的四根柱子正好可以构建出一个正方形空间。于是，娜嘉小心地避开地上的尸体，走到一根柱子前，贴上一张咒符。这是一张象征“再生”的壁虎咒符。咒符像是被吸住一般紧紧贴在柱子上，发出微微的亮光。

娜嘉一边沿着墙壁朝第二根柱子走去，一边看着卡夫用捕兽网捕捉噬数灵。卡夫扇着翅膀，巧妙地盘旋在碧安卡周围，时刻准备着用捕兽网正面抵御噬数灵的攻击。噬数灵撞到捕兽网后接二连三掉地落到地上。娜嘉赞叹卡夫的精湛技术和专注力的同时，不禁为不断减少的捕兽网担忧。虽然自己从乐园带了三十多张的捕兽网，但是……

她必须加快速度。

第二张咒符是连接生死的“鸟”。娜嘉在第二根柱子上贴咒符的时候，卡夫又用捕兽网为碧安卡挡下了一只噬数灵。可是这次卡夫没有及时把手中的捕兽网扔出去，反倒被兜在捕兽网中的噬数灵的冲击力的惯性拉着连连向后退，最后摔在尸体之间坚硬的地板上，发出痛苦的呻吟。

“卡夫！”

“我……没……事，快……”

一时间，娜嘉不知如何是好。于是卡夫对娜嘉说：

“现在……做该做的事情！”

话没说完，卡夫就昏倒在地。看到理查德嘴里不断有噬数灵飞出来攻击碧安卡，碧安卡身上的三角纹披风也出现了破损，娜嘉急忙踉跄地穿过地上堆积的尸体，跑到第三根柱子前。当娜嘉把第三张“撕碎面包之手”的咒符贴到柱子上时，碧安卡身上的披风也彻底失去了御魔之力，化作灰烬消散了。

啊！

可是，理查德正准备释放下一只噬数灵。娜嘉不知道自己能否在噬数灵吞噬碧安卡前，把咒符贴到第四根柱子上。

——不，来不及了。那么现在我应该做什么？

娜嘉低头看到地板上有一张伸手可及的捕兽网，是卡夫刚刚落下的。娜嘉捡起捕兽网，挡在碧安卡身前，双眼盯着不断逼近的噬数灵。

“太吓人了。”娜嘉害怕得双腿直打颤，“不行，我做不到。可是……”

娜嘉意识到，首先要直视噬数灵。娜嘉睁开因害怕紧闭的双眼。她看到庞大的黏糊糊的半透明的灰色物体，身上的斑点闪着金光。它张着大嘴，露出针般锋利的牙齿。眼见这样可怕的家伙一步步朝自己逼近，娜嘉的心砰砰直跳，身体像要被捏碎了，但是娜嘉坚持睁着双眼。慢慢地，娜嘉开始分不清眼前这个可怕的东西究竟是噬数灵还是自己内心和身体的变化。终于，娜嘉意识到了。

“噬数灵的确很可怕。但是……我害怕的不只是噬数灵，还有‘处于惧怕情绪中的自我’。”

娜嘉深深地吸了口气。配合着呼吸，娜嘉举起了捕兽网。

◈

不知何处传来了声音，这声音让麦姆感觉非常熟悉。麦姆努力地在听，但是这个声音听起来还是那么模糊不清。“啊，没错。”麦姆意识到这是比自己小很多岁的“堂弟”的声音。就是那个总是胡来，给自己添麻烦的堂弟。

“那家伙，又在搞什么……”

麦姆意识到自己还在做梦。

“这个声音是梦里的声音吗？还是……”那个声音又出现了，像是着急地在对谁说什么。随着意识的逐渐恢复，麦姆耳里的那个声音越来越大。当耳里传来痛苦的呻吟时，麦姆彻底苏醒了。

“卡夫!”

麦姆睁开眼，看到自己倒在岩壁旁，扎因趴在远处的地上，格义麦勒和达莱特还在气喘吁吁地和“无脸怪们”搏斗。麦姆抬头看到头顶上方的“镜子”，于是扇着翅膀朝镜子飞去。虽然每一次扇动翅膀都会全身疼痛，但是当麦姆透过镜子看到外面的礼堂时，他已经来不及想这些。

礼堂的地面上还是堆满了尸体。与之前不同的是，这些尸体旁多了几十只噬数灵，它们被困在捕兽网里，身体还在抽动。礼堂的中央躺着那位黑衣女子，她的身上搭着一件三角纹披风。麦姆看到噬数灵一只又一只地撞在披风上然后被震得粉碎。还有卡夫，就在黑衣女子左前方的礼堂角落里。但是卡夫好像失去了意识。

麦姆想起来了。自己昏迷前，曾在镜子中看到了娜嘉和卡夫。

于是，麦姆开始在镜中寻找娜嘉。终于，他在卡夫的对面，镜子右上方的柱子旁看到了娜嘉。娜嘉正在往柱子上贴一张小纸片，纸片被贴到柱子上后发出淡淡的光芒。

“那个应该是……她为什么这么做?”

麦姆听说过咒符。只要在正方形空间的四个角上贴上咒符就可以搭建出“平方阵”，“平方分解还原数”可以在“平方阵”中还原。卡夫说过，乐园园长的命运数就是“平方分解还原数”这样的特殊数。可是为什么娜嘉要在这里搭建“平方阵”？娜嘉肯定是想帮那个黑衣女子——碧安卡……

“碧安卡，不，玛蒂尔德的命运数是142857。”麦姆在大脑中飞速计算，142857的平方是20408122449，把这个数从中间拆分为一个5位数20408和一个6位数12249。20408加122449的和正好等于142857。

“啊，原来如此!”

就在麦姆弄清楚娜嘉目的的同时，他看到镜子下方又有新的噬数灵飞出来。就在噬数灵撞到黑衣女子身上的三角纹披风被震得粉碎的同时，黑衣女子身上的披风也碎成了粉末。正朝着第四根柱子走去的娜嘉看到这一情景，脸色顿时一沉。镜子下方又露出一只新噬数灵的脑袋。

“糟糕!”

娜嘉停了脚步，转身挡在碧安卡身前，双眼直勾勾地盯着噬数灵。虽然娜嘉的双腿还在发抖，但是她毫不躲避，把手中的捕兽网举过了头顶。

娜嘉对准噬数灵扔出了手中的捕兽网，噬数灵还没碰到碧安卡，就被捕兽网套住跌落在地上。可是镜子下方又有一只新噬数灵即将飞出来。

“不行，娜嘉已经没有捕兽网了!”

而且，她离第四根柱子还很远。于是，麦姆冲伙伴们大喊：

“格义麦勒、达莱特！我先出去！你们等下把扎因一起带出来！”

没等听到回答，麦姆已经只身先钻出了镜子。麦姆没有降落到地面，而是扇着翅膀冲娜嘉喊：

“娜嘉！快把第四张咒符扔过来！”

娜嘉看到麦姆十分吃惊，但是她立刻反应过来麦姆的用意，于是用尽全力把第四张咒符扔了出去。麦姆接住娜嘉抛过来的咒符。这张咒符上有两个圆，象征着“肉体”与“数体”的维系。咒符的下方挂着许多两两相连的金属环。

麦姆使出浑身气力加速朝第四根柱子飞去。同时，新的噬数灵正在朝碧安卡不断逼近。

“来得及吗？”

麦姆已经顾不上碧安卡那边了，但他用余光瞥到娜嘉正努力地朝碧安卡移动。看来不管来不来得及，娜嘉都想和姐姐在一起。

“既然是这样，那我再加把油！”

麦姆努力把握着咒符的手向前伸，把咒符贴到了第四根柱子上。

当娜嘉挪到碧安卡身边时，噬数灵已经张着血盆大口飞了过来，像是想把娜嘉和碧安卡一起吞进肚子里。虽然第四张咒符已经交给麦姆了，但是现在她已无暇顾及麦姆那边的情况了。尽管她知道挡在碧安卡身前不可能挡住噬数灵的攻击，但是即便如此她还是想尽自己最大的能力去保护碧安卡。

“你要是想吃掉碧安卡，就把我一起……”

噬数灵巧妙地避开了娜嘉。正当噬数灵张大嘴巴准备把碧安卡吞进肚子里的那一瞬间，娜嘉感到手中空落落的，碧安卡不见了。噬数灵像是已经把碧安卡吞进了肚子似的，摇头摆尾地朝理查德飞去。就在理查德被噬数灵带回去的反噬“尖刀”划下两道伤口的时候，娜嘉感到手中温热的触感恢复了。原来碧安卡又原样“回来”了。

“碧安卡！”

“……看来是赶上了。没想到那个女人的命运数也是平方分解还原数……”

娜嘉看到满身伤痕的麦姆正倚着第四根柱子的下方喘着粗气。

“麦姆！”

“还没有结束。我们必须打倒那家伙！”

麦姆盯着理查德，轻声嘟囔：“真是个荒唐的怪物。”

理查德仍旧一动不动地站在原地。突然，三个身影从理查德的右眼里飞了出来，是格义麦勒、达莱特，还有昏迷的扎因，他们都伤痕累累。麦姆踉踉跄跄地重新飞到空中，对娜嘉和伙伴们说：

“你们注意了！下面把捕兽网里的噬数灵全部放出来。”

格义麦勒和达莱特喘着粗气回答：“好！”他们小心翼翼地把扎因安置到礼堂的角落后，甩动着捕兽网准备把困在网里的噬数灵放出来。

“等一下！你们想干什么？”

麦姆看着不解的娜嘉说：

“这是为了打倒那个怪物。虽然不这么干，那个怪物也会因为不停地向你姐姐释放噬数灵而毁灭，但是这么做可以更快地解决掉它。”

然后，麦姆小声对娜嘉说：“很抱歉，那需要借用你姐姐的特殊能力，希望你能明白我说的意思。”

听了麦姆的解释，娜嘉恍然大悟。一只又一只的噬数灵被达莱特和格义麦勒放出来，朝碧安卡飞去。同时，理查德还在不断释放新的噬数灵。虽然娜嘉知道它们伤害不了碧安卡，但是她还是不忍心看到碧安卡被那么多噬数灵团团围住的场景。噬数灵终于离开了，碧安卡仍安然无恙地躺在地上。离开碧安卡的噬数灵们正飞向理查德。

几十只噬数灵像旋风一样围绕着理查德。紧接着，噬数灵开始一只接一只地消失，露出了理查德遍布伤痕的脸和身体。他想往前迈一步，但顷刻间，身体发出一阵“嘎吱”声，随即“坍塌”在地。满地的陶器碎薄片中，有一枚闪着光的“小镜子”。

“……这家伙已经不是人类了，他早就死了。”

说罢，精疲力尽的麦姆摇摇晃晃地坐在了地板上。正在此时，在娜嘉怀里的碧安卡轻轻动了动手指，发出微弱的呻吟声。碧安卡睁开眼，看到了娜嘉。

“碧安卡!”

碧安卡不知道是谁在哭着叫喊自己的名字。终于，碧安卡听出了娜嘉的声音。

“娜嘉!”

碧安卡有些困惑，为什么娜嘉会在这里？自己应该还是“黑衣玛蒂尔德”的模样，娜嘉怎么认出了自己是“碧安卡”？

还没等碧安卡开口问，娜嘉先皱着脸嘟着嘴说：

“碧安卡，我……”

碧安卡立刻意识到肯定是乐园园长把自己的事情告诉了娜嘉。现在，碧安卡最担心的事情——娜嘉重新回到梅尔辛城，变成了事实。碧安卡努力坐起来，对娜嘉说：

“娜嘉，你不能待在这儿！快离开!”

娜嘉没有说话。碧安卡知道现在不是感慨再会的时候，她必须让娜嘉立刻离开这里。

“娜嘉，你听我说！你不知道有多么荒唐！我本想要杀了那个女人，只要能杀了她……但是那个女人——王妃，不仅把自己的命运数变成了‘不老神数’，而且她还被‘影’吞进了肚子里。‘影’说它已经晋升为‘不灭神’了，接下来要毁灭所有人类和精灵。所以娜嘉你听我的，你必须赶紧回到安全的地方——乐园……”

突然，咚的一声，礼堂的大理石地板开始震动，墙壁上的油漆裂开了，石灰粉落了满地。娜嘉大声说：

“声音是从神殿传来的！”

娜嘉环视大厅，看到麦姆趴在地上。娜嘉跑到麦姆身旁，发现满身伤痕的麦姆已经陷入了昏迷。紧接着，娜嘉转头发现其他四只精灵也都倒在地上昏迷不醒。娜嘉不安地看了一眼碧安卡，她闭上眼睛深深地吸了口气，然后睁开眼睛说：

“我……要去神殿。”

虽然右手还在流血，但是托莱亚仍拖着裹满泥的身体赶到了梅尔辛城城墙附近。她的右手手背上长出了一块树叶大小的三角形尖刀。

尽管时间已近晌午，天空却十分昏暗，或许是因为太阳被月亮遮住了。昏暗的天空下，梅尔辛城巍然耸立，托莱亚推了推一处较小的后门，一下子就开了。进入城中，也没看到自己的部下。熟悉城池守备的托莱亚心里顿感不妙。

看来“影”已经动手了。

托莱亚心想，希望一切都还来得及，如果是因为自己拖了后腿，让碧安卡和精灵们，还有曾经的部下和下人们都死了……托莱亚不敢继续往下想了。

万幸，托莱亚解开了昨晚“影”对自己施下的束缚咒。那是龙蒿家族史上仅有一位祖先曾经使出的“生前尖刀反噬”的绝技。托莱亚用尖刀割断右手及其他几处束缚绳，成功解开了“影”的束缚咒。但是，使出“生前尖刀反噬”的代价就是大量的鲜血从她右手长出尖刀的位置喷溅出来。龙蒿家族史上曾经使出该绝技的祖先在出刀不久后就死了。对于龙蒿家族而言，无论是生前出刀还是死后出刀，最终都逃不过一死。只是，如果能在活着的时候召唤出尖刀，自己可以在死前的短时间里操控尖刀为己所用。

托莱亚右手手背上长出的是第一把反噬尖刀——17。

托莱亚体内还有两把尖刀。就在这时，托莱亚感受到周围有“影”的气息。于是，托莱亚寻着气息，朝一处建筑物走去。

神殿。

“影”在神殿。托莱亚伸出左手想推开神殿的大门，可她刚碰到大门，全身就受到了强烈的冲击，被震得后退了两三步。

“看来它用‘邪气’在神殿外布置了结界。”

也就是说现在任何人都无法进入神殿。不过虽然自己被结界挡住了，但是同时这也在告诉自己，“影”现在一定是因为某种原因不能自由行动，必须躲在神殿里。所以从某种角度来看，这正是制胜的时机。

托莱亚举起满是鲜血的右手，用手背上突起的尖刀狠狠刺向大门。她一边怒吼，一边用尖刀从上向下在神殿大门上划下一道笔直的刀口。然后，她后退了几步，压低身体，举起手臂护住了头部。

这时，门上的刀口发出一道亮光，只听“砰”的一声巨响，神殿的大门裂开了。不仅周围的空气，地面也被这声巨响震得剧烈晃动。托莱亚踏着一地碎片走进神殿，里面很明亮。神殿里布置得格外精美，不仅焚着香，四周还点着许多蜡烛，就像婚礼仪式现场一样。只是本该宾客列席的位置上却横陈着祭司们的尸体。

托莱亚看向正前方的祭坛。祭坛前有一名身形庞大的女子，那女子周身都发着淡淡的绿光，虽然五官长得和王妃极为相似，但是那么庞大的身躯说明她不是人类，那是“影”。

化作女子的“影”佯装优雅地看着托莱亚。

“原来是托莱亚阁下，你是怎么到这儿的？”

女子说话的声音也不是人类的声音。托莱亚没有说话，亮出右手的尖刀摆出准备战斗的姿势。看到这一幕，化作女子的“影”露出吃惊的表情。

“原来如此。没想到你竟然能召唤尖刀。不过，那么小的反噬尖刀……”

话没说完，“影”朝托莱亚抛出了一团黑色的东西。一定是和昨夜把托莱亚绑在树上一样的东西，是“‘影’身体的一部分”。只有傻子才会在同一个坑里摔倒两次。只见托莱亚敏捷地躲过黑色物体，然后用右手手背上的尖刀划碎了几块，冲着“影”奔了过去。托莱亚一边跑，一边用力捏紧自己的左手。

伴随着一阵剧痛，托莱亚的左手肘至手腕处又长出了一把寒光凛凛的三角形尖刀。这是托莱亚命运数中的第二把尖刀——229。托莱亚不顾手臂上流出的鲜血，径直冲到“影”的身前，使出浑身力气用左臂上的尖刀在“影”白色的脖颈上砍了一刀。“影”的脑袋落到了地上，但它的身体依旧一动不动地立在原地。

“就这点儿本事，就想杀我？”

没有脑袋的“影”的身后升起了一团黑雾。黑雾越变越细，“影”的声音传来。

“我知道你有几把刷子。你的第一把反噬尖刀是 17，然后是 229。接下来的尖刀是最后的一把，同时也是最大的一把，是 5557，对吧？”

“影”一边说，一边用身后长出的黑色触手从地板上捡起被托莱亚砍下的“脑袋”，放到了自己的脖子上。“影”又有了一张美丽女子的面庞。

“很可惜，你最大的尖刀也杀不死我。至于原因……”

就在“影”洋洋自得的时候，托莱亚已经绕到了“影”的身后。托莱亚心里十分清楚刚才的“斩首攻击”不可能要了“影”的命。虽然要杀死“影”这种没有实体的恶灵十分不易，但是不代表不可以。世间万物即便是看起来混乱无序至极的东西，都有各自的“命脉”。切断“命脉”，就可以彻底杀死对方。“影”亦如此。托莱亚卸下右手手臂上的铠甲。

终于到了决战时刻了。托莱亚看到“最后一把尖刀”从右肩上方破肤而出，鲜血顺着手臂不断流下。她咬紧牙关强忍着身体上从未有过的剧痛。本来看向神殿大门的“影”把头转了一圈看向托莱亚，当看到托莱亚新长出的“尖刀”时，惊得叫出了声。

“你！怎么回事，这尖刀……”

说话时，一道亮光从“影”的面庞——女子的美丽面庞上闪过。托莱亚知道，这是被自己右肩至右手腕的巨大尖刀反射的神殿里的蜡烛光。就在“影”惊恐慌乱之时，托莱亚以身体为剑，把最后的一把尖刀狠狠扎进了“影”的身体。“影”发出痛苦的呻吟，然后用破锣般的嗓音说：

“那把……尖刀的威力是……”

托莱亚扬起左边的嘴角发出一声冷笑。看来“影”也不知道，用龙蒿家族反噬尖刀代表的数乘以 4 再加 1 后得到的数，仍旧还是反噬尖刀。当时，花刺子模族的精灵们为了感谢龙蒿家族救出了精灵王，于是把利用该特性快速增加反噬尖刀威力的能力赠与了龙蒿家族。

“本来的尖刀……是 5557，可是刚刚的是……”

“22229。”托莱亚一边说，一边用尽全力在“影”的身体划出一道长长的刀口。“影”被托莱亚这一刀斜着砍成了两半，滚落到祭坛前的地板上。黑雾慢慢开始扩散。被这么大威力的尖刀划伤，没有东西能够恢复原样，即使不老神也难逃一死，更何况“影”，肯定一击毙命。

确信自己完成了家族使命，托莱亚紧绷着的身体突然瘫软跌卧到地板上。她两只眼睛死死地看着倒在地上的“影”，心里松了口气：“终于……赢了。”

可是，被砍成两半的“影”并没有就此消失，还在继续扭动着身体。托莱亚不敢相信自己的眼睛，她瞪大了双眼，看着“影”恢复成了原来的样子。

“怎么回事……”

托莱亚不知道这是怎么回事，“影”被 22229 的尖刀一分为二，应该已经不可能再活下来。托莱亚已经没有力气说话了，但是“影”仿佛看出了托莱亚内心的疑问。

“很可惜，你的反噬尖刀已经不能杀死我了。不仅是反噬尖刀，任何人都不可能杀死我了。被碎尸万段也好，被扔进熊熊烈火中焚烧也罢，任何一种情况我都可以凤凰涅槃，自体再生。因为我已经成为……”

不灭神。

几乎在“影”说出这三个字的同时，托莱亚的脑海中也浮现出这三个字。在无比绝望中，托莱亚陷入了昏迷。

“娜嘉，等等！”

碧安卡紧跟在娜嘉的身后。娜嘉一边朝神殿跑，一边回头对碧安卡喊：

“我就去看一眼！碧安卡你先回去休息！”

“不行！‘影’会杀了你的！那家伙已经晋升为不灭神了，说要毁掉这世上所有的东西！我们已经束手无策了！”

听到碧安卡的话，娜嘉在心中想，或许自己的确没有能做的事情了，但是自己必须“去看、去了解”。

“影”到底是什么？

碧安卡刚才说王妃已经拿到了“不老神数”，而吞噬了王妃的“影”说自己得到了“不灭神数”。为什么“影”吞掉得到“不老神数”的王妃就能成为“不灭神”？这究竟是怎么回事？如果“影”吃了已经成为不老神的王妃变成了不老神，还可以理解。但是为什么它会变成“不灭神”？

“不老神数”是什么？

“不老神数”通过与神圣大气的融合，能转化为“不灭神数”。

没错，“不老神数”与“不灭神数”彼此相连。园长不是说过晋升的方法吗？娜嘉在脑海中拼命回忆园长的话。

娜嘉想起来了，园长说“不老神数”是素数，同时也是 2 的乘积减 1 之差。从“不老神数”晋升为“不灭神数”，需要将“不老神数”与“某个数”相乘。要想弄清乘数是多少，首先需要计算出“不老神数”加 1 之和是 2 的几次方，然后算出次方数比刚刚计算出的次方数小 1 的 2 的乘方。

也就是说，从“不老神数”晋升为“不灭神数”需要用到 2 的乘方。

园长曾说过，不老神为了获得 2 的乘方，需要长时间将自己的命运数与神圣大气进行交融。

但是，“影”又是怎么做到的？“影”要成为不灭神，必定也需要 2 的乘方。可是“影”是从哪儿拿到了这样的数呢？

“他们很容易成为‘影’的目标。”

娜嘉想起了卡夫说过的话，精灵王加迪的命运数很容易成为“影”的目标。

加迪的命运数是2的18次方，即262144，第一次和第二次被“影”掳去的精灵王也是同样的命运数。

所以事实上，加迪被“影”掳走了，因为加迪的命运数是2的乘方。而且托莱亚不是也说过吗？“影”只吞噬一个人是不可能彻底幻化成完整人形的，只有吞下两个人才可以。

“啊，我知道了！”娜嘉一边跑，一边回头对碧安卡说，“碧安卡！精灵王是不是也在‘影’的肚子里？”

突然听到娜嘉的问题，碧安卡愣住了，问道：

“精灵？王？”

“是的！我猜除了王妃，精灵王一定也被‘影’吞进肚子里了！”

听到娜嘉的话，碧安卡想起她在“影”的身体中见过一个小孩子的身影，就是在“影”舍弃诗人拉姆蒂克斯的身体准备吞噬王妃的时看到的那个身影，或许那个身影就是精灵王。碧安卡连忙把自己的所见告诉了娜嘉。

“果然如此！”娜嘉听完，更加坚定了自己的判断，于是加快了脚步。碧安卡刚想开口问娜嘉到底在想什么，一抬头，神殿已在眼前。神殿的大木门已经不见了，地上落满了神殿木门的碎片。碧安卡跟在娜嘉身后走进了神殿，但是很快两人都停住了脚步。

她们看到神殿地板的中央，托莱亚倒在血泊之中，化作巨大的王妃身形的“影”正站在神殿深处看着她们。

那个女人周身发着淡绿色的光，倒向一旁的上半身正在慢慢地直立起来。碧安卡意识到，这是被劈成两半后的“影”在重生。

“啊，不行，娜嘉！那个家伙已经获得了永生……”

“快看，碧安卡！右边，右边的‘裂痕’！里面有一只‘手’！”

顺着娜嘉手指的方向，碧安卡看到一只白皙的手臂从“影”身体上快要完全愈合的伤口中露了出来。那只手臂是……当碧安卡意识到那是谁的手臂后，在她心底深处的黑色猛兽——对王妃的憎恨之情顷刻涌了出来。顿时，她的身体变得僵硬。就在这时，娜嘉穿过神殿中央，朝“影”冲了过去。

“娜嘉，等等！”

过了几秒，“影”才认出了娜嘉。跟在娜嘉身后的碧安卡注意到了“影”反应有些迟钝，她想起“影”在礼堂说过，“等到稳定后就好了”。或许，现在的“影”还未完全成为不灭神。

就在这时，“影”身后的黑色触手以迅雷不及掩耳之势砸向娜嘉。

“娜嘉！”

其实在碧安卡提醒前，娜嘉就已经双手抱头跪在神殿的地板上做好了准备。“影”的黑色触手刚碰到娜嘉的背立刻反弹了回去，然后瞬间碎了一地，巨型王妃被这一股反弹冲击震得踉跄了几步。娜嘉忍着痛只在地上跪了几秒钟，然后立刻起身继续朝“影”奔去。

是命运三角纹在起作用！

娜嘉身上披着一件蓝色披风，上面绣着鹅黄色的三角纹纹样。是那件披风保护了娜嘉。不，娜嘉应该知道那件披风可以保护她，所以她才会在发挥披风最大防御效果的同时主动向“影”出击。这时，“影”又甩出其他触手想攻击娜嘉。不过在触手碰到娜嘉之前，她已经跑到“影”的身前，用手抓住了“影”身体右侧露出的白皙手臂。

“松开！”

“影”一边喊，一边伸出身后的黑色触手攻击娜嘉。娜嘉的三角纹披风又一次保护了她，虽然触手在碰到披风的那一刻四散开来，但是这一次娜嘉却被撞得叫出了声。可娜嘉还是紧紧地拉着那只白皙的手臂不松手，拼命想要把手臂的主人从“影”的身体中拉出来。

“我……该怎么办……”

看到娜嘉的举动，碧安卡愣住了，两条腿像是灌了铅一样一动不动。因为“那只手”的主人，娜嘉想救的人正是她在这世上最憎恨的女人。可是她不能看着妹妹——娜嘉陷入危险中。此时碧安卡心中只有一个念头——必须保护娜嘉！

碧安卡朝娜嘉跑去。“影”注意到了碧安卡，也向碧安卡伸出了触手。

“碧安卡，别过来！”

碧安卡知道，娜嘉是担心她没有御魔披风。看来自己实在是太鲁莽了。娜嘉是在确认有御魔披风保护的前提下行动的。碧安卡心想：“妹妹真是聪明，我……太鲁莽了。”

碧安卡敏捷地避开伸向自己的触手，继续向前跑。娜嘉有些体力不支，身体开始左右晃动，但是她仍旧紧紧地抓着那只白皙的手臂。慢慢地，王妃的肩膀已经露了出来，马上就能看到脸了。这时，娜嘉身上的三角纹披风也开始出现发黑碎裂的迹象，看来披风的防御能力也已濒临极限。碧安卡朝娜嘉大喊：

“娜嘉！披风快不行了！”

再有几次攻击，披风就要彻底碎了。可是，娜嘉仍旧没有松手，反而因为碧安卡的提醒更加用力地向外拉拽那只白皙的手臂。她已经可以看见王妃的半张脸了。突然，“影”伸出触手猛地砸向娜嘉。娜嘉发出了痛苦的叫声。

“啊，娜嘉！松手吧，管那无关紧要的人做什么！”

当碧安卡听到自己嘴里说出的话时愣住了。碧安卡感到心中一直被压抑的黑色情感又涌了出来，而且正在逐渐向全身蔓延。这是从前王妃提到自己时常说的话。如今，碧安卡发现自己也说了和王妃同样的话。碧安卡越想，内心的黑色情感蔓延得越快，特别是当她看到王妃露出的半张脸时。

“碧安卡，危险！”

直到听到娜嘉的喊声，碧安卡才意识到自己移动的速度慢了很多。碧安卡侧身躲过了迎面攻击的触手，但是很快又被旁边袭来的触手猛地甩到了神殿右侧的墙壁上。

“碧安卡！”

碧安卡跌落到地上，意识有些模糊，只听得“影”在对自己说：

“你老老实实站在那儿多好。别想着帮你妹妹，这是为你好。”

“影”接着说：“要是你帮了你妹妹，这个世界上你最憎恨的女人就会重返人间，但这并不是你希望看到的事情，对吧？”

碧安卡一边听着“影”说话，一边在脑海中回想过往发生的种种。那个女人根本不爱自己。以前碧安卡认为只要自己成为一个对母亲有用的人就能得到母亲的爱，所以无论母亲提出什么要求，她再苦再累都不会拒绝。母亲希望自己学习“计算”，所以碧安卡咬着牙硬着头皮学习，可是她还是没有获得母亲的爱。更残酷的是，母亲就连杀死她的那一刻，竟然都那么决绝，没有一丝不舍。

众多算士被杀的当晚，母亲召见了碧安卡。可是碧安卡没想到母亲竟命令士兵当场杀死她。看到士兵们没有一人动手，王妃说：“其他人死在哪儿都行，只有我这个女儿，我必须亲眼看着她死在我的面前。你们要是再不动手，我就杀了你们。”然后她开始对万念俱灰的碧安卡施咒，并且说出娜嘉只不过是“理查德的备用命运数”之类的话。当时，碧安卡的心中只有对母亲的憎恨。虽然最后碧安卡逃出了梅尔辛城，但她逃不出憎恨。不管走到哪儿，距离那一晚过去了多久，她的内心“永远都被囚禁在憎恨的牢笼里”。

黑色野兽正在一点点吞噬碧安卡的内心。没错，要让那个女人从这个世界上消失。对，这是唯一的办法，“影”是在帮我实现目标……

“不要！不要听它的话，碧安卡！”

娜嘉的声音听起来比刚才远了很多。这时，“影”紧接着对娜嘉说：

“你看你姐姐还是拎得清状况的，但是你这个妹妹就太不懂事了。我是为了你们才把这个女人吞掉的啊。”

“影”看出了娜嘉的困惑和犹豫，于是继续说：

“看来你什么都不知道啊，来，就让我来告诉你。娜嘉，你知道你的亲生父母是怎么死的吗？”

那家伙究竟在和娜嘉说什么？碧安卡忍着身上的剧痛，朝祭坛方向望去。

“你的亲生父母，就是被你想救的这个女人杀死的。这个女人第一次召唤噬数灵的咒杀对象就是你的父母，就因为你的父母不肯把你交给她，所以她就拿他们做了她诅咒的实验品。”

娜嘉怔住了，不再向外拉王妃。“影”继续得意地说：

“事后，这个女人还兴奋地向我描述，你的父母看到噬数灵吓得屁滚尿流四处逃窜的样子。他们只是想保护幼小的你啊，结果却死得那么惨，叫人不忍直视。怎么样？现在你还想救那个女人吗？”

娜嘉听完，全身开始颤抖，眼看拉着王妃手臂的手就要松开了。“影”趁机又把王妃的脸和肩膀重新吞进了肚子里。

“这就对了，娜嘉，松手吧。这才是最明智的……”

就在“影”说话时，娜嘉像是想到了什么，重新抓紧王妃的手臂向外拉。

“为什么？”

“影”和碧安卡同时大叫，只见娜嘉重新站稳脚跟，使出全身的力气把王妃向外拉。娜嘉一边拉一边看向碧安卡。

娜嘉哭得有些狰狞。

“你这家伙心里不恨这女人吗?”“影”问道。

娜嘉转头看着“影”，哭着喊:

“恨！非常恨！可是……”娜嘉一边抽泣一边用尽全身力气喊，“可是，这不只是我一个人的事情!”

听到娜嘉的话，碧安卡猛地直起了身，娜嘉的声音继续传来:

“我对她恨之入骨！但是如果任由你吞了她，你一定还会做出更残暴的事情！我不能任你为所欲为！绝不!”

碧安卡这时不自觉地站了起来。娜嘉的话在碧安卡耳边回响，同时也驱散了碧安卡心中洪水般的黑色猛兽。碧安卡盯着娜嘉紧紧拉着的那只白皙的手臂，心里只剩下一个念头——不管那是谁的手臂，此刻最重要的是要把它的主人从“影”的身体里拉出来。

于是，碧安卡跑到娜嘉身边，紧紧抓住那只白皙手臂的手腕。

“愚蠢的女孩!”

“影”一边嘶叫，一边从背后高高举起两只触手。但是娜嘉披风上的三角纹破损了，已经无法抵御“影”的攻击，可是碧安卡看到娜嘉仍在努力地拉王妃的手。“影”扬起一只触手狠狠拍向娜嘉。

随着“砰”的一声巨响，碧安卡担心得尖叫。但是，“影”的触手被击得粉碎消散在空中，同时，娜嘉身上的披风也化作粉末落到地上，露出了里面的新披风。新披风是晚霞般的绯红色，与娜嘉的发色十分接近，上面用银线绣着漂亮的命运三角纹。

“啊，娜嘉!”

碧安卡心中的大石头终于落了地。此刻，她真想冲上去抱一抱这个聪明的妹妹。虽然现在的处境仍旧十分凶险，但是碧安卡感受到了力量与希望。于是，她使出全身的力气与娜嘉一起把王妃向外拉。

突然，有东西从王妃白皙的手臂上吧嗒掉到了地上，是异彩流光的小石头。是“宝石”。

“什么！”

“影”、娜嘉和碧安卡都吃惊地看着宝石。紧接着，一颗又一颗的宝石从王妃的手臂上掉落下来。

碧安卡心想，看来王妃的“命运数”正在逐渐变回原始命运数。

突然，娜嘉和碧安卡感到王妃的身体变轻了，一下从“影”的身体里把她拉了出来。受惯性影响，娜嘉和碧安卡同时向后跌在地板上。失去了王妃的“影”顿时没了实形，散成了一团黑雾，它张皇失措地伸出黑色的触手抱起地上的王妃。顿时，数不清的宝石从王妃的头、脸和躯干落下，神殿里充斥着这一颗颗宝石砸到地板上的声音。掉落的宝石在“影”面前堆成了一座山，发出耀眼的光芒。

“影”发出恐怖的怒吼声，它一边把王妃拉进自己化作黑雾的身体，一边用触手拼命收集掉落在地上的宝石。娜嘉想把王妃的身体从“影”手中抢回来，但是被碧安卡拦了下来。

“娜嘉，等等！有点儿不对劲儿！”

碧安卡感觉到神殿的空气有些异常。很快，空气中充斥着清晰的压迫感。这种感觉，娜嘉和碧安卡十分熟悉。

“这种感觉……是噬数灵！”

娜嘉话音未落，半透明的蜥蜴穿过神殿四周的墙壁飞了出来，而且是一大群。

天还没亮，乐园园长正跪在漆黑的圣域中默默祈祷。这时，她听到远处隐约传来雷鸣声。虽然动静不大，但是园长知道雷就落在了附近。而且她十分清楚那块地下有什么。

在屋后的那片树林下，有大批被园长封印的噬数灵。那些“恶灵”都是园长利用自己命运数的特性，故意引诱噬数灵“吞噬”自己，然后趁噬数灵行动迟缓之际封印在地下的。

如今封印被解除了。但是解除封印的不是园长，也不是别人，而是神意。

被封印在这块地下的噬数灵即将破土而出。园长的命运数中，有三把代表 5 的尖刀，和一把代表 37 的尖刀，四把加起来是 52。也就是说，即将有超过一万只的恶灵一起带着代表 52 的反噬尖刀破土而出。显然，它们的目的地是梅尔辛城。

原来是今天。

不踏出乐园，不伤害任何人。自己作为“第一人”的子孙，必须在神意指向的今天履行自己的义务。没错，就是今天。

园长站起身，对身旁的塔妮亚说：

“塔妮亚，把那块布拿来！”

“是，在这里。”

园长从塔妮亚手中接过布，这块布相当有分量。园长拿着布走进大厅，视线落在大厅里的大通信镜上。

园长接下来要做的，就是等那个时刻的到来。

园长只需放空内心，摒除自身意识，祈求神意指引。园长站在镜子前，闭上了双眼。等园长睁开双眼时，她看到镜子里慢慢投射出乐园之外的景象。虽然不是很清楚，看起来像是神殿的内部。

镜子里的景象越来越清晰。园长看着镜子，静静地等待那一刻——自己可以行动的时刻。

神殿里的噬数灵一只接一只冲“影”飞过去。

“怎么回事？这群家伙都是怎么回事？”

“影”感到莫名其妙，为什么噬数灵都是冲着自己来的？

噬数灵太多了，它们一起冲向“影”，“影”被撞向神殿深处。噬数灵带来的密密麻麻的细小尖刀刺在“影”身上，把它钉在了墙壁上。噬数灵还在源源不断地飞来，“影”看着不断冲向自己的噬数灵，终于明白了。

“这些噬数灵的目标……是那个女人！”

噬数灵都是冲着那个重新被自己吞进肚子里的女人来的。“影”意识到是那个女人连累了自己，害自己受了那么多反噬的苦。

而且，这些噬数灵不是为了吞噬那个女人的“命运数”来的。它们是那个女人以前召唤出来咒杀他人的噬数灵，如今一起飞回来了。

噬数灵在飞出去时都是为了吞噬被诅咒对象的命运数，但是当它们吞噬掉对方的“数体”后，就会改以召唤者的命运数为目标。

这都是那个女人回归原始命运数导致的。

本来新“数”就尚未与那个女人的身体完全融合，加上刚刚那两个小姑娘折腾，所以宝石都掉出来了，最终那个女人又回到了她的原始命运数。“影”认为不能再任由情况这么发展下去了。只要把那个女人完全吞进肚子里，噬数灵就找不到目标了。可是，“影”刚刚被噬数灵的尖刀打成了筛子，噬数灵透过缝隙可以看到那个女人，所以最后它们带来的尖刀还是要反噬到自己身上。眼下，“影”已经暂时失去了不灭神的身体，不能再受到这种攻击了。

“只能先把那个女人吐出来了。”

“影”一边遭受着噬数灵带回来的尖刀反噬，一边发出难以入耳的嘶吼声，“影”开始“运气”，把那个女人的身体从自己的体内“剥离”。“影”用尽全力把女人甩得远远的。于是，神殿里剩下的噬数灵纷纷掉头朝远处的女人飞去。不过已经没有多少噬数灵了，看来噬数灵带回来的尖刀大多都反噬在了自己身上。现在的“影”已经被钉在了神殿的墙壁上，无法动弹。

“影”心想，他必须摆脱这种困境，必须重新成为不灭神。为此，必须要让那个女人再成为不老神。“影”努力挣扎着想摆脱墙壁的束缚。这时，“影”看到五个身影从神殿门口跳了进来。不是噬数灵。

是那些精灵！

糟糕！只听到神殿墙边的一位姑娘——娜嘉，冲精灵们喊：

“麦姆！你们的精灵王就在‘影’的体内。我已经知道‘影’的真身是什么了！”

“什么?”娜嘉的话令“影”感到一阵晴天霹雳，这种感觉就像是人类落入未知的无底深渊一般。

“‘影’的真身是……”

别说！“影”下意识地想去阻止娜嘉说话，但是已经来不及了。娜嘉直勾勾地看着“影”，铿锵有力地说道：

“‘影’的真身是两个数的‘乘积’。”

吞噬两个数后，就变成了它们的“乘积”。这就是“影”。

“影”感到无比地恐惧。它被人类识破了真身，被人类揭开了自己的遮羞布。“影”害怕地蜷缩成一团。这时，精灵们趁机飞到了‘影’的左侧。

“在这里!”

扎因指着“影”的身体里露出的一只脚说。于是，五只精灵纷纷飞过来用力拉着那只脚向外拽。“影”终于反应了过来。

“不行，我不能失去这家伙——精灵王!”

这时，娜嘉和碧安卡也过来帮忙。有了五只精灵再加上两个人类的力量，精灵王加迪终于被一点点从“影”的身体中拉了出来。看到自身力量不断削弱，“影”决定奋力一搏。于是，它使出浑身上下最后一丝力气化成一只巨大的触手，向精灵他们狠狠砸了过去。结果大家都被拍倒在地，起不了身。

“你们完蛋了！拥有‘命运数’的愚蠢家伙们！”

托莱亚飘浮在漆黑的空间中。

她感受不到身上伤口的疼痛，甚至连自己身体的重量都感觉不到了。她唯一能确定的是，自己正在飞向某个地方——虚空世界。

托莱亚隐约想起祖先遗言中提到的“万物诞生前的世界”，即世界出现前的世界。可是那个世界真的存在吗？过去，托莱亚也常常会问自己这个问题。假使现在自己已经进入了那个世界，那自己还算不算活着呢？

托莱亚没有找到答案，但是冥冥之中，她感觉到这个空间的尽头正有种东西在召唤自己，她的身体正不自觉地向空间的尽头飞去。原来是光。当托莱亚飞到光与暗交汇的地方时，她内心的想法更加坚定了。

“这道光便是万物本源。”

万物生于光，归于光。所有的物体、动物、植物、精灵、人类，还有不老神、不灭神皆是如此。托莱亚在光中清楚地看到了无边无际的广袤大地以及生活在这片大地上的人们。虽然万物在光中看起来像是各不相同的个体，但实际上它们“并没有什么本质上的区别”。换句话说，在光的世界中，万物皆与光“同源”。

托莱亚不禁暗自赞叹，这地方是多么地美妙啊。然后她顿悟到，光才是凌驾于不老神和不灭神之上的万物本源，是处于塔尖的“唯一最高神”，即“孕育万物的数之女王”。托莱亚认为自己死后或许也会归于此处，重新归于“最高神”的身边。

“托莱亚。”

托莱亚的耳边响起一个熟悉的声音。她看到哥哥站在光中，他的身旁是他的女儿——自己的侄女。

“哥哥，你果然在这里。”

泪水划过了托莱亚的脸庞。托莱亚心想，自己是对的，哥哥和侄女死后，他们的灵魂真的重新回归于世界中心的最高神的身边。托莱亚听到哥哥说：

“托莱亚，我和我的女儿，还有很多人，都不幸含冤惨死。但是，宇宙本源之神并没有把我们抛下。最伟大的唯一神帮我们摒除了体内不属于我们自身，与我们本质不吻合的糟粕，让我们真正回归自我本身。我们与世上最伟大的唯一神同源，人人归于安宁。你看，我们的祖先也同样在此处安息。”

听到哥哥的话，托莱亚感到十分欢喜。

“哥哥，我也……一起……”

托莱亚想靠近哥哥和侄女——那道光，可是无论如何她都无法靠近他们。托莱亚十分不解。

“为什么？为什么我无法走进光里？”

难道自己被最高神拒之门外了？托莱亚问哥哥。哥哥摇了摇头，说：

“不会的。‘唯一最高神’从来不会拒绝任何人。”

“那又是什么原因？”

“因为你的内心并不想进来。”

托莱亚不由得一惊，这怎么可能？她听到哥哥说：

“如果你真的渴望进来，神自然会敞开怀抱接纳你。但是进入光之境，归于唯一神，就代表你必须舍弃你与生俱来的命运数，接纳‘唯一神之数’。”

“舍弃命运数？”

“是的。对于世间万物而言，命运数极其重要，但是命运数并不是万物的本质。说到底，那只是最高神衍生出来的一种‘短暂假象’，一种不稳定且极其脆弱的‘状态’。不管是人类、精灵，还是不老神和不灭神，命运数都是死前必须舍弃的‘假象’。但是……至少在我看来，你还没有放下自己的命运数——‘反噬尖刀’。”

“怎么可能！我已经死了！不用再去战斗了，反噬尖刀对我来说已经没有用了！”

“那么……为什么你的身上还长着尖刀呢？”

这时，托莱亚才意识到自己右手手背、左手腕以及右肩至右手腕上都还长着锋利的反噬尖刀。

“托莱亚，其实你心里还想去战斗，所以你身上的反噬尖刀还没有褪去。”

托莱亚慢慢想起了来这儿之前自己经历的事情。与“影”在神殿搏斗，还有获得了可怕魔力的“影”。同时，托莱亚也感到自己体内的热血在慢慢沸腾。她听到哥哥说：

“现在你只有两条路可以走。第一，我把你的事情通报给神，然后请求神帮你去除体内战斗的欲望，卸掉你身上的反噬尖刀。因为你生前为人正直，所以才能享受到这样的优待。如果你愿意，就可以与我们一起在此安息。另一条路就是，我把现在的你直接送回战场，也就是让你重返生界。”

“第二条路不正意味着让我起死回生吗？我能够接受这么大的‘祝福’吗？”

哥哥听了托莱亚的疑虑后，答道：

“我不知道让你重返人间算不算得上是祝福。因为‘起死回生’意味着，你即将踏入安息之地却不得不回到那个不稳定的虚幻世界中去。而且，在你下次死后再次回到这里，我不知道你是不是还能进入这道光中。那时，你会主动舍弃自己的命运数，还是需要我帮你向神通报，一切都是未知数。我这么说是想告诉你……”

哥哥望着托莱亚。

“‘祝福’与‘诅咒’是互为一体的。”

接下来轮到你做选择了。在哥哥的催促下，托莱亚拿定了主意：

“我要重回战场。”

虽然托莱亚也不知道自己是否做出了最好的选择，但是托莱亚认为这是自己现在“应该做的事情”。

托莱亚下定决心的一瞬间，哥哥、侄女和光都消失了。此时，托莱亚重新感受到了身体上的疼痛，并且嗅到了空气中的血腥味。托莱亚再次睁开沉重的双眼，黑雾——“影”赫然映入眼帘。

第十二章
宽容且残酷的审判

就在碧安卡正努力把精灵王从“影”的身体中向外拉时，她依稀瞥到远处有什么东西动了一下。原来那是倒在神殿中央的托莱亚。满身鲜血的托莱亚好不容易站了起来，没想到她站起身后，动作竟变得十分敏捷。只见她飞身一跃跳到了祭坛上，然后以祭坛为跳板跃到了半空中。

这时，托莱亚右肩至手腕上的巨大尖刀闪出一道寒光，碧安卡、娜嘉和精灵们有些目眩。“影”本来是想继续攻击碧安卡他们的，没想到托莱亚横空跳了出来，等它反应过来时，已经来不及了。

“啊——！”

托莱亚一边怒吼，一边以身为剑朝“影”的头部砍了下去。托莱亚的反噬尖刀不仅刺穿了“影”的身体，甚至在神殿的墙壁上留下了一道长长的刀痕。刹那间，“影”的身体连带它身后的墙壁都被劈成了两半。

刺耳的金属摩擦声在神殿里回荡。托莱亚本以为“影”被劈成两半后，黑雾会逐渐散开，没想到它竟快速凝缩，最后消失在了众人的视野中。

“加迪！”

精灵王出现在众人眼前。扎因第一个冲向精灵王。精灵王与扎因长得十分相像，只是精灵王是银发，扎因是黑发。精灵王虚弱地睁开眼，在扎因的搀扶下坐了起来。麦姆、卡夫、格义麦勒和达莱特下跪行礼。

这时，托莱亚正倚着“影”消失处那面墙喘着粗气。托莱亚身上的反噬尖刀已经褪去了，但鲜血还在不断地向外涌。娜嘉急忙跑上前，撕破自己的衣裙为托莱亚包扎伤口。

所有人中，只有碧安卡一动不动地站在原地，目不转睛地看着神殿的右侧。视线尽头，衣衫褴褛、满身伤痕的王妃倒在神殿的王妃“专座”——美之女神像前，手持巨大镜子的女神像旁是闪闪发光的宝石山。

那个女人，还没死。

王妃哆哆嗦嗦地撑起身。她的脸和手臂被噬数灵划伤，鲜血淋漓，蓬乱的金色头发上也满是血迹。此刻的王妃不再光彩夺目，但是这并不是伤口和血污导致的。她的五官依旧美艳，身形依旧颀长挺拔。只是她不再如过去般自信坚定，整个人看起来十分萎靡。

看到眼前手无缚鸡之力的王妃，碧安卡又陷入憎恨的旋涡，心里涌起一股想要立刻杀死王妃的冲动。现在自己只要一脚，就能把她那纤细的脖颈踩断。想到这儿，碧安卡十分激动，心中涌出大仇得报的快感。

“快，杀了那个女人，就像捏死一只小蚂蚁一样。”

碧安卡听到心里有个声音在对自己说，仿佛在命令自己般。但是碧安卡没有这么做，因为她看到了娜嘉。此刻，娜嘉正在仔细照料托莱亚。

“啊！”

碧安卡双手抱头跪在地上。娜嘉一直都在努力做她应该做的事情，自己怎么能在她的面前，被憎恨驱使去杀死王妃呢？可是，杀死王妃是自己活下来的唯一目标，如果不能亲手杀了王妃，自己活着还有什么意义？

这时，一只巨大的灰色身影缓缓从窗户外飞进了神殿，碧安卡立刻认出这是自己召唤出来吞噬王妃的噬数灵。现在，它又飞回来了。

因为宝石已经从王妃体内脱落了，她的命运数又回到了最初的状态。

这么说，那些宝石才是改变王妃命运数的关键。“影”把宝石放进王妃的身体，然后王妃的命运数就变了。但是现在所有宝石都从王妃体内掉出来了，王妃恢复了原始命运数，所以噬数灵自然也飞回来了。

碧安卡感觉到自己左边的嘴角在抽动。没错，她知道自己在笑。因为王妃就要死了。虽然王妃死后自己也会受到反噬而死，但她早已不在乎，反而感觉死而无憾。

噬数灵已冲向王妃。弱不胜衣的王妃看到噬数灵离自己越来越近，不禁发出了悲痛的呻吟。突然，一个人影从美之女神像手持的镜子中钻出来挡在了王妃的前面，她把手中的大布盖在了王妃身上。噬数灵撞到布上被震得粉碎。

那块布上绣了三角纹！

那是可以驱魔的“命运三角纹”披风。但是，拿它救王妃的人是……

“园长！”

娜嘉急忙跑上前。那个人是乐园园长，王妃的妹妹。地上的宝石反射的光照在园长的脸上，像月亮一样。

园长一把抱住娜嘉，夸赞娜嘉做得好。看到园长身后耷拉着脑袋的王妃，碧安卡感到十分失望。

“为什么？”

为什么园长要救那个女人？碧安卡十分不解。但是，碧安卡知道答案，因为园长的答案永远只有一个。

“这是神意。”

因为园长早已摒除了个人的意志和情感，所做的一切都是在遵循神意。可是神意就是让那个女人继续活着吗？碧安卡无法理解。

当园长把那块布盖在王妃身上时，无境的“黑夜”被打破了，天慢慢亮了。神殿里的空气，不，是城内、城外任一角落的空气也慢慢变得清澈。碧安卡的身后，精灵们开始庄严地诵唱祈福，前方的托莱亚倚着墙壁静静地闭上了双眼。

周围的神圣美好使碧安卡感到自己内心的邪恶，她想王妃此刻大概也是一样的感觉。因欲望双手沾满了鲜血的王妃，因对王妃的憎恨不再纯洁的自己，就这一点来看，碧安卡意识到自己和王妃其实是一类人。而且事实上，为了杀死王妃，碧安卡也曾帮助王妃“施咒”。

碧安卡越想越坐立不安，她拔腿朝神殿大门跑去。

“碧安卡！”

碧安卡听到娜嘉在身后呼喊自己，但是她没有回头，径直跑向屋外。

两天过去了，碧安卡还是没有回来。好几次娜嘉想去找碧安卡，都被乐园园长拦了下来。园长说：“不用担心碧安卡，给她点儿时间。”

在这期间，乐园园长和精灵王加迪牵头举办了一场审判王妃的祈神仪式。而得到的神谕，即神对王妃的审判结果令娜嘉颇为不解。

王妃为了一己私欲诅咒了那么多人，理所当然应该以死谢罪。但是，神谕却只罚王妃在梅尔辛城塔中禁足百年。王妃寿命远超常人，百年对于王妃而言并不算长，换句话说王妃仍有机会走出禁足塔。不管怎么看，这个判决都太轻了。不止娜嘉，礼堂里的众人都是这样的想法。

令人大跌眼镜的是，精灵王加迪竟然给了王妃两件东西。

其一是一枚小圆镜。这枚圆镜曾经被王妃用来施咒，后来被“影”缩小嵌在了理查德的眼睛里。娜嘉听麦姆说镜子里有一群无脸精灵。好在麦姆已经取回了镜中的“分解书”，所以就算王妃拥有那枚镜子，也无法将它用作“分解命运数”。只是那镜子与“圣书”相连，但凡有人往里面放进任意一本“操作书”，镜中的无脸精灵就可以继续计算工作。

为什么要把那么危险的东西交给王妃？娜嘉不知道精灵王是何用意。当她看到加迪王交给王妃的“第二件东西”后，更是百思不得其解。

加迪王交给王妃的第二件东西正是他穷尽一生去守护鉴别的“操作书”。“操作书”被加迪王藏在了项链上的书形金属吊坠中。只见加迪王解下脖颈上的项链交到王妃手中，对王妃严肃地说：

“据说书中的‘操作’可令世间万物的命运数转化成宇宙本源万物之母的数之女王，即唯一最高神的命运数。”

原本瘫坐在地上的王妃被加迪王的话惊得抬起了头，其他所有在场的人也都大吃一惊。精灵王继续说道：

“花剌子模族的古书中说，把这本‘操作书’放入镜子中，不管是谁站在镜子前，命运数都能变为‘最高神数’。但是，我还没有证明它是否对所有数都成立。”

在场的所有人全都屏住呼吸听着。

“本来，我不该将我尚未完成鉴别的‘操作’公之于众。但是神谕如此，我不得不从。”

话音刚落，礼堂里的质疑声不绝于耳。加迪王继续说：

“过去，你受‘影’诱导，为获得‘不老神数’杀戮无数。如今为了让你赎罪，我将‘操作书’和镜子都交给你。就看你在塔内禁足的一百年间，能否做到守着能让你获得‘最高神数’的工具而抵住诱惑。倘若你做到了，或许就能让神看到你的悔过之心免了你的罪罚。”

说完，加迪王把镜子和“操作书”放进乐园园长递过来的精美箱子里，然后把箱子交到了王妃手中。王妃抱着箱子被押送到禁足塔。

娜嘉还是不理解神的判决是何用意。这时，她听到左边有人在低声说：

“祝福也是诅咒……”

说话的人正是卫兵队长托莱亚。托莱亚因为受伤，今天并没有执行队长任务，她的两只胳膊都缠着绷带，站在娜嘉身旁。娜嘉抬头看向托莱亚，托莱亚略难为情地向娜嘉说：“不好意思。”娜嘉摇摇头，问托莱亚：

“托莱亚，你刚刚说的话是什么意思？”

“啊？我刚刚说的话吗？”

“是的。”

“啊，那是……”

托莱亚思忖片刻，答道：

“看起来宽容，也许最后……可能会变成最痛苦的惩罚。”

——我该怎么做？

在等待“审判”的过程中，王妃不断问自己。

王妃已经不知道究竟什么是可以相信的，什么又是不能相信的了。那些支撑自己一步一步走过来的东西——自己的“祝福之数”、力量、美貌、王族的地位、深爱着自己的男人，还有本应该和自己站在同一条战线上的理查德都没了。而有些东西其实从头至尾都没有存在过。比如，自己与生俱来的“命运数”其实并不是“祝福之数”，那个自己以为可以依靠的“诗人”从一开始就背叛了自己。

——我从未输过，想要的东西什么都能得到。

——难道这一切都是假象吗？

最令王妃不能接受的事情是，最后一刻救下自己的竟是妹妹，那个自己一心想置于死地的妹妹。因为这件事，王妃心里产生了一种从未有过的感觉。这种感觉难道是……

——后悔？

——我在后悔？

王妃不愿相信这种感觉是后悔。因为后悔表示承认自己犯了错，表示自己向妹妹认了输。这是绝对不可能的，但是……王妃心乱如麻。这是王妃人生中的第一次自省，自省令她的内心“迷茫”。

但是，当王妃听到神的判决时，她内心的迷茫结束了。当她从精灵王手中接过“工具”时，她再次落入了欲望的牢笼。

——果然，我的人生使命就是打败所有人，站到世界的顶点。

精灵王说过，他没能鉴别“操作书”是否对所有人都有效。但是王妃却坚信对自己有效，认为这本“书”和这枚“镜子”一定可以将自己的命运数变为“唯一最高神数”。

——然后，我会成为‘唯一最高神’。到那时，那些被自己踩在脚下的神制定出的规定，还有什么可令人担心的呢？

——不老神、不灭神统统靠边站吧，很快我就要成为宇宙中至高的存在——“数之女王”了。难道精灵王和妹妹都没想到这一点吗？多么愚蠢的人啊。

想到这儿，王妃心中又涌出对妹妹的憎恨之情。

——那个女人长得平平无奇，别以为救了我就能在我面前以恩人自居。还有那群小看我的家伙们。等我成了“最高神”，我要把你们全都杀了。哈哈，还能有什么事比这还令人高兴呢？

王妃一边走向禁足塔，一边强忍着笑意。

走进禁足塔，其他人都离开后，王妃立刻从箱子中把镜子和“操作书”拿了出来。王妃刚把“操作书”放到镜子旁，“操作书”就滑入了镜子中，在镜面上激起了层层涟漪。等镜面重新恢复平静后，镜子里映出了王妃的脸。

娜嘉穿过蜂屋和枯萎的药草田，走到梅尔辛城的后门，让卫兵帮她打开了门。门外是一片黑魆魆的森林。

“娜嘉殿下，我们陪您一块儿去吧？”卫兵们关切地问。娜嘉说自己有麦姆和卡夫陪同，让卫兵不用担心。

走进森林，娜嘉发现里面并不像外面看起来那么昏暗。阳光透过树木的间隙洒落下来，卡夫抬头看到树上挂满了果实，兴奋地直跳。娜嘉和麦姆一边看着远处上蹦下窜的卡夫，一边交谈着。

“命运数泡沫？”

“是的。”

麦姆边走边向娜嘉解释：

“加迪王交给王妃的‘操作书’俗称‘科拉茨操作’。正如王所说，按照书中的操作就可以把人类和精灵的命运数转化为‘最高神数’。只是操作触发的‘效果’与我们精灵生病是一样的反应，也就是‘命运数泡沫’。”

“你说的，就是之前卡夫身上出现的……”

“原来你还记得。卡夫在镜中险些因为那个病死掉，还好你救了他。”

“可是，‘转化命运数为最高神数的操作’效果怎么会和精灵生的病一样呢？”

“那是因为……”

麦姆向娜嘉解释“科拉茨操作”。一般的“操作”是无法更改“圣书”中的内容——命运数的。因为改写命运数的操作本来就少，加上神使一直在“圣书”附近巡逻，所以就算书中的命运数被改写了，神使也会立刻发现并恢复原数。但是“科拉茨操作”不同，这个操作不仅可以改变“圣书”中的内容，而且这种改变还不会引起神使的察觉。

“会引起什么样的变化呢？”

“非常简单。说出来你可能不信，因为实在太简单了。”

麦姆告诉娜嘉“科拉茨操作”会触发如下的变化。当为偶数时，它会变成“该数的一半”，即用原始数除以 2。当为奇数时，它就会变成原始数的 3 倍再加 1 之和。

“‘科拉茨操作’就是反复对命运数进行这样的操作。即偶数时除以 2，奇数时乘以 3 再加 1，这样反复进行下去，最后……将变成‘最高神数’。”

“真的吗？”

“我也不知道这个操作是不是对所有的数都有效。证实它的有效范围是精灵王的工作。但是就历代精灵王的鉴别结果来看，目前还没有碰到过例外。”

“那我的命运数通过‘科拉茨操作’也会变成‘最高神数’吗？”

“对。娜嘉的命运数是六位数吧，这个程度的数应该都可以变为‘最高神数’。”

娜嘉兴奋地在脑中计算起来。她的命运数是 124155，是奇数，所以要乘以 3 再加 1，和为 372466。而 372466 是偶数，所以要除以 2，商是 186233，又变成了奇数。用 186233 乘以 3 后再加 1，得到 558700。娜嘉歪着脑袋在心里计算着。

“反复这么操作，最后真的能变成‘最高神数’吗？”

“大数的话，算到最后的确需要花一些时间。不如你先用小一点儿的数试一试吧。”

“小一点儿的数？嗯……”

娜嘉选择了 10。10 是偶数，所以要除以 2，得到 5。5 是奇数，乘以 3 后再加 1 得到 16。16 除以 2 得 8，8 除以 2 得 4，4 除以 2 得 2，2 除以 2 得 1。1 乘以 3 后加 1 得 4，4 除以 2 得 2，2 除以 2 得 1。

“啊……”

1 乘以 3 后加 1 得 4，4 除以 2 得 2，2 除以 2 又变回了 1。

“现在知道了吗？按照这个操作方法，最后肯定会变成 1。哪怕你继续按照这个方法计算下去，最终还是会回到 1。”

娜嘉决定换个数来试一试，这次是 7。因为 7 是奇数，所以乘以 3 后加 1 得到 22。22 是偶数，除以 2 后得到 11。而 11 是奇数，乘以 3 再加 1 得到 34。34 除以 2 得 17，17 乘以 3 后加 1 得 52。52 除以 2 得 26，26 除以 2 得 13，13 乘以 3 再加 1 得 40，40 除以 2 得 20，20 除以 2 得 10。算到这一步，娜嘉意识到，继续算下去就和刚刚对 10 的计算一样，最后还是会变成 1。所以按照这样的方法计算，7 最后也会变成 1。

“果然是 1……也就是说‘最高神数’是……”

“‘1’，即‘存在本身’，万数之源，也是生之母。”

麦姆说，人与精灵，包括诸神都是生于 1，归于 1。

“对人和精灵来说，接纳‘最高神数’‘1’，意味着终结个体生命，回归存在本身。简单来说就是‘死亡’。”

“命运数泡沫”是精灵寿终正寝前的自然现象，“科拉茨操作”是人为触发该现象的行为。虽然两者有所区别，但结果是一样的，都会改变命运数，最后使命运数变成“1”。“1”不仅是唯一最高神数，同时也是意味“个体死亡”的数。

“之前卡夫因为镜子里空气污浊导致身体机能衰退，明明还有很长的寿命但是身上却出现了‘命运数泡沫’。也就是说，他的命运数当时发生了变化，离 1 很近，命悬一线。”麦姆抬头看着在硕果累累的枝头自在飞行的卡夫，静静地说道。

娜嘉心想，如果王妃没能抵住获取“最高神数”的诱惑，利用“镜”与“书”执行“科拉茨操作”的话……王妃身上也会出现和“命运数泡沫”相同的现象，然后一步步走向死亡吧。这时，卡夫捧着成熟的果实飞到娜嘉面前说：

“如果王妃能像平常人那样‘死去’就好了。”

“怎么说？”

“虽然死对于我们这些活着的人和精灵来说是非常可怕的事情，但是放大了说，死代表‘归于唯一最高神’，也就是救赎。想获得救赎，就必须舍弃自己内在的许多东西。其中就有对命运数的执念。”

卡夫咬了一口手中的果子，慢慢地说：

“不知道那位王妃是不是真的能放弃？”

当王妃在精灵王给的镜子中看到自己的面庞时，她的心里涌起说不出的兴奋，因为这枚镜子就是拉进自己和“唯一最高神”距离的工具。可是没高兴多久，她突然感到浑身疼痛不止。奇怪的是，这种感觉也并未持续太久。接下来，快感与不快在王妃体内反复交错，令王妃陷入了混乱之中。最后连快感也变成了不快。王妃感到自己越来越虚弱，仿佛自己的生命瞬间膨胀成了一个泡沫，又迅速开始萎缩。

痛苦越来越难挨，但是王妃坚信只要自己扛过去了，就一定能获得“最高神数”。

不知何时，王妃落入了无际的黑暗中。黑暗中，她只能感受到身体上不断袭来的痛苦。王妃心急如焚。她等啊等啊，终于看到远处透出了一点亮光。就在那一刻，她忘记了肉体上的痛。

那道光多么耀眼啊，王妃心想，那一定是“最高神数”，是该自己拿到的“数”。在无际的痛苦后，王妃终于看到了希望。

——这是最适合我的命运数。

可是当王妃走到光与暗的交界处时，她发现，自己不能把“光”收入体内，反而是“光”在吞噬自己。

——这到底是怎么回事?

王妃在光里看到几百几千甚至更多的人，然后她认识到，如果融入光中，自己将会变成“这个人群中的一员”。

——不！绝对不可以！我，只有我是不一样的！我是特别的！

王妃大叫。旋即，光消失了，一切重新陷入了黑暗之中。光消失后，王妃身体上短暂消失的痛苦再一次席卷而来，而且这一次比之前还要痛上数倍。痛苦与愤怒交织，折磨得王妃破口大叫：

“怎么回事？为什么要这么惩罚我?”

王妃失声了。但是王妃还是忍不住地大声嘶叫，虽然她心里十分清楚叫喊只能徒增痛苦。

她还没认识到，惩罚自己的不是别人，而是自己。

◇

“……也就是说，王妃必须接受自己的本质是和别人一样的‘1’，对吧？”

麦姆对娜嘉点点头。

“没错。如果她不接受，惩罚将一直持续，直到她接受为止。所以神的判决乍一看好像非常宽容，但实际上十分残酷。”

“尤其是对王妃那样的人而言。”麦姆补充道。

“人类和我们精灵一样，出生时会被赐予很多东西，但是死的时候却一样都无法带走。如果无法割舍，那么被赐予的东西就会成为痛苦的种子，成为诅咒。”

麦姆的话令娜嘉百感交集。且不说王妃，以后自己也是要面对的。这一天或许是在遥远的将来，或许就是明天。

“我……能做到吗？”

看到不安的娜嘉，卡夫吃完手中的果子说：

“不要把事情想得太复杂。当你看到那道耀眼的光时，不要多想，卸下自己的防备就可以了。”

“卡夫，不要说那些有的没的。”

“这些怎么会是有的没的呢？我见过那道光。就在我命悬一线间，我远远地看到了‘那个地方’，那里很美，也很快乐。”

卡夫自豪地说，这代表我是见到过“数之女王”的精灵哟。麦姆眯着眼看着卡夫，微微地笑了。看到他俩，娜嘉也忍不住扑哧一下笑出声来。这份平静是多么珍贵啊。突然，卡夫的叫声打破了这久违的平静。

“啊！在那儿！”

“嗯？”

顺着卡夫手指的方向，娜嘉在树林深处看到了一个人影。

“碧安卡！”

森林深处有一块平地。仍是“黑衣玛蒂尔德”外形的碧安卡站在平地的中央，望着梅尔辛城的方向。她的身后是养蜂族的人，他们坐在驴车上，仿佛在守护碧安卡。

两天前，碧安卡离开梅尔辛城后遇见了养蜂族。养蜂族的人说他们本来已经游历到了很远的地方，但是“异样的预感”令他们决定改道返回梅尔辛城。

于是，碧安卡把事情的经过一五一十地说给自己曾经的救命恩人听。王妃输了，接下来她要接受神的审判。但是不光是王妃，自己也应该接受审判。不接受审判的话，无论走到哪里自己都不会心安。

“我始终走不出那座城。”

以前走不出那座城是因为憎恨王妃，现在走不出是因为自己犯下的错。

听到碧安卡的哭诉，养蜂族的人说：

“让我们把审判权交给蜜蜂怎么样？”

曾经，素数蜂把碧安卡从死神手里救了回来，所以，作为神使的蜜蜂们一定会做出正确的审判。碧安卡点了点头。

碧安卡挺直了背，静静地等待审判的到来。只听一阵嗡嗡的骚乱声后，大群的蜜蜂从养蜂人的板车中飞了出来。同时，梅尔辛城蜂屋里的蜜蜂也飞来了。刹那间，碧安卡被蜜蜂团团围住了。于是，碧安卡静静闭上了眼睛。

“忤神之人将被神使宣判死亡”。依照蜂使一直以来的说法，自己一定会被判死刑。

“能死在‘朋友’的手中，也算是一种解脱。”

处在“朋友”包围下的碧安卡安静地等待“审判”。可是，她并没有感觉到皮肤上有刺痛感，只是感到有液体滴答滴答地落到了她的头顶，然后顺着她的脸、脖颈、身体和手脚缓缓地滑落。虽然她的眼睛是闭着的，但是她感受到了液体散发出的金黄色的光芒。

“难道是……蜂蜜?”

为什么?碧安卡睁开眼，看到蜜蜂们仿佛在与她告别，在她身边盘旋了几圈后回到了养蜂人的板车中。

怎么回事?刚刚就是“审判”吗?碧安卡还没想清楚，就听到有人在远处呼喊她的名字。声音是从树林里传出来的。原来是娜嘉，娜嘉的身后还有麦姆和卡夫，他们正向自己跑来。

娜嘉气喘吁吁地跑到碧安卡眼前，瞪大了眼睛仔细地端详碧安卡的脸。话还没说出口，泪水便夺眶而出，滑过了娜嘉的左脸。

“碧安卡……回来了……”

“啊?”

碧安卡一头雾水，娜嘉紧紧地抱住她。“到底发生了什么事?”碧安卡问娜嘉，可是此刻的娜嘉已经哭成了泪人，根本说不清楚。这时，麦姆扇着翅膀飞到碧安卡眼前，从怀里取出一枚小镜子递给碧安卡。

“啊……”

镜子里的人不是“黑衣玛蒂尔德”，也不是“栗发孩童”和“银发女子”，而是一位金发白肤的姑娘。

“我的脸……”

不仅如此，碧安卡还发现镜子中自己脸庞的下方，搭在娜嘉红色头发上的右手臂上，那条细长的月牙形的旧伤疤消失了。伴随自己经历了过去无数次变身的旧伤疤，那道证明自己是自己，象征自己心内仇恨的伤疤消失了。

“我……”

碧安卡的声音有些颤抖，百感交集的她不知道说什么好。养蜂族的长老走到碧安卡身边说：

“玛蒂尔德，不，碧安卡。这是神意，也是你的朋友‘蜜蜂’的想法。”

长老还说，这是祝福还是诅咒要看接下来你怎么做了。

听到长老的话，碧安卡仿若醍醐灌顶。没错，让自己恢复原样未必是祝福。虽然自己获得了超乎寻常的怜惜和恩赐，但是这未必是在拔高自己，相反有可能会让自己坠入深渊。就像自己的母亲——王妃生来就被赋予了巨大的命运数，可是她却因这特殊的命运数变得不知满足，索求无度。

祝福，还是诅咒？

最终的结果在于自己的选择。可是自己是弱者，一个不值得信任的人，一个易被内心的阴暗情感掌控的人。把命运的选择权交给这样的人是一件多么可怕的事情啊。想到这儿，碧安卡下意识地打了个寒战。抱着碧安卡哭泣的娜嘉感觉到了碧安卡的变化，于是她抬起头问：

“碧安卡，你还好吗？”

哭红了双眼的娜嘉看起来和小时候一样，不过以前那个爱哭鬼、胆小鬼娜嘉已经长大了，学会照顾自己了。

“……没事。”

碧安卡突然意识到，自己已经很久没有这么温和地说话了。碧安卡吃惊于自身变化的同时，也在心中反复对自己说：

“没事的。”

只要娜嘉在身边就一定没事。碧安卡的视线落到远处那座曾经被“母亲”玩弄于股掌间的梅尔辛城，碧安卡知道，虽然自己心里还残留着被它唤醒的阴暗情感，但是只要有娜嘉在，自己就一定不会被心底的黑色猛兽所控制。假以时日，自己一定能够彻底摆脱内心的猛兽，获得真正的自由。

到那时，自己才是真正地走出了梅尔辛城。

解说

本作品纯属虚构，与现实中的人物、团体没有任何关系。本作品内容与数秘术等占卜术没有任何关系。接下来，我将对本作品中涉及的几个数（特别是自然数）的问题进行简单介绍。想要了解更详细内容的读者，还请阅读相关书籍。

下面提到的“数”均指大于或等于 1 的正整数。

◆ 约数、素数、合数（第一章）

若正整数 b 可以整除正整数 a，即 a 除以 b 的余数为 0，则称 b 为 a 的约数。例如，3 能整除 6，所以 3 就是 6 的约数。因为所有的数都可以被 1 和它本身整除，所以任意数都包括 1 和它本身这两个约数。

除了 1 和它本身外不再有其他约数，且大于 1 的自然数叫作素数。按照从小到大的顺序有 2, 3, 5, 7, 11, 13, …本作品中将位数多的素数称为“祝福之数”。

不是 1 且不是素数的数叫作合数，本作品中提到的“有裂痕的数”即指合数，该名称并非现实中使用的名称。

◆ 素因数分解（第一章、第二章）

把一个合数用素数相乘的形式来表示的方法，就叫作素因数分解。例如 78620 可以表示为 $2\times2\times5\times7\times13\times43$，这就是对 78260 进行了素因数分解。所有的数都只有一种素因数分解的方式。

“短除法”是分解素因数的一种方法，即从最小的素数 2 开始除起。本作品中，娜嘉等“算士”做的计算以及麦姆等精灵在镜中做的计算用的都是这种方法。这种方法很简单，但是如果对数值大的数进行素因数分解，要做的除法次数会增多，所以需要的时间也相对较长。

除短除法外，分解素因数还有很多其他的方法，但目前仍未找到快速分解大数的素因数的方法。所以这类复杂的大数的素因数分解常被用于信息加密等。

◆ 盈数、亏数、完满数（第二章）

若一个数除去本身以外的所有约数之和大于其本身，那么该数称为盈数。12“除去本身以外的约数”是 1, 2, 3, 4, 6，它们的和为 16，大于 12，所以 12 是盈数。

若一个数除去本身以外的所有约数之和小于其本身，那么该数称为亏数。15“除去本身以外的约数”有 1, 3, 5，它们的和为 9，小于 15，故 15 是亏数。

若一个数除去本身以外的所有约数之和恰好等于其本身，那么该数称为完满数。最小的完满数是 6（6 除去本身以外的约数有 1, 2, 3，这三个约数之和恰好等于 6）。

◆ 亲和数（第三章）

如果两个正整数，一方“除去本身以外的全部约数之和”正好等于另一方，且反之也成立的话，我们把这两个正整数称为一对亲和数。在本作品中，娜嘉的命运数 124155 与理查德的命运数 100485 就是一对亲和数。最小的一对亲和数是 220 和 284。220 除去本身以外的所有约数之和为 1+2+4+5+10+11+20+22+44+55+110=284，284 除去本身以外的所有约数之和为 $1+2+4+71+142=220$。

◆ 斐波那契数列（第三章、第五章）

斐波那契数列的前两项是 1,1，从第三项开始，每一项都等于前两项之和。

1, 1, 2, 3, 5, 8, 13, 21, 34, 55, 89, 144, …

如上所示，左边第三项 2 是左边第一项 1 和第二项 1 之和；第四项 3 是第二项 1 和第三项 2 之和。这个数列中的数叫作斐波那契数。

斐波那契数列十分有意思。例如，花朵的花瓣数等自然界中常见的数，也符合斐波那契数列的规律。而且，任何正整数都可以表示为若干个不连续的斐波那契数之和（本作品中并未涉及此内容），且表示方法是唯一的。这被称作齐肯多夫定理。

本作品在万能药斐波那草的花头数上，使用了斐波那契数列的知识。

◆ 费马小定理、伪素数、卡迈克尔数（第六章）

假设正整数 a 与正整数 n 的公约数只有 1。

费马小定理如下所示。

若 n 为素数，$a^{n-1} \equiv 1 \pmod{n}$

“$a^{n-1} \equiv 1 \pmod{n}$”表示“$a^{n-1}$ 与 1 除以 n 的余数相同”，由此得出“a^{n-1} 除以 n 的余数为 1”。

费马小定理是用于判定是否为素数的定理之一。若想知道数 n 是否为素数，可以选择数 a，计算出 a^{n-1}，然后用得出的结果除以 n，看余数是否为 1。如果 n 是素数，按照上述定理，余数必定为 1。本作品中把该定理称为“小费马神判定”。

需要注意的是，这个过程中有可能出现 n 不是素数，但对 n 取某一个或某几个 a 时，等式 $a^{n-1} \equiv 1 \pmod{n}$ 都成立的情况。本作品中举出了 341 这个例子。假设 a 为 2，用 $2^{(341-1)}$ 即 2^{340} 除以 341，余数为 1。故按照该定理 $n=341$，$a=2$ 时，$a^{n-1} \equiv 1 \pmod{n}$ 成立。但是 341 是一个合数，可以分解为 11 和 31，并非素数。我们把这样的数 n 叫作“伪素数”。

要证明伪素数不是素数，可以通过随机选取多个 a 的方式，即取不同的 a，按照上述方式对伪素数进行验证，找到余数不是 1 的情况。例如，对前述伪素数 341，取 3 作为 a，然后用 $3^{(341-1)}$ 即 3^{340} 除以 341，计算出余数是 56，不是 1。由此可以确定 341 并非素数。

不过有些合数，无论用什么 a 去测试，$a^{n-1} \equiv 1 \pmod{n}$ 都成立（这意味着费马小定理的逆定理不成立），我们把这样的数叫作卡迈克尔数。我们无法使用费马小定理来判断卡迈克尔数是否为素数。本作品中王妃的命运数 464052305161 就是卡迈克尔数。

◆ 素数的生成算式（第六章）

虽然现在我们仍未找到可以生成所有素数或者只生成素数的算式（函数），但是我们已经找到了能够生成较多素数的算式，如 $f(x)=x^2-x+41$。当 x 的取值范围在 1 到 40 之间时，该算式的结果均为素数。

$$f(1)=1^2-1+41=1-1+41=41$$
$$f(2)=2^2-2+41=4-2+41=43$$
$$f(3)=3^2-3+41=9-3+41=47$$
$$f(4)=4^2-4+41=16-4+41=53$$
$$f(5)=5^2-5+41=25-5+41=61$$
$$\vdots$$
$$f(13)=13^2-13+41=169-13+41=197$$
$$\vdots$$
$$f(40)=40^2-40+41=1600-40+41=1601$$

上述算式的所有结果均为素数。但$f(41)=41^2-41+41=41^2$的结果很明显不是素数。如果x大于41，那么$f(x)$的结果中还将出现很多非素数。

本作品中诗人拉姆蒂克斯用来制造人工精灵的装置，就用到了该算式。

◆ 卡布列克数（第七章）

若某个正整数平方后，其结果可以从中间数位分成两个正整数，且这两个正整数之和恰好等于原始数，那么我们把这样的特殊数叫作卡布列克数。（平方后得到的数的位数为偶数，则从中间分成前后两个位数相同的数；平方后得到的数的位数为奇数，则前一个数的位数要比后一个数少一位。）

例：

$45^2=2025$ → 把 2025 分成 20 和 25 → 20+25=45

$297^2=88209$ → 把 88209 分成 88 和 209 → 88+209=297

本作品中将之称为“平方分割还原数”，这并非现实中使用的名称。

◆ 三角数（第七章）

1,3,6,10 等数量的点可以排列成三角形，这些数叫作三角数。所有正整数都可以表示为 3 个之内的三角形数之和。本作品中的“命运三角纹”就是源于三角数。

◆ 走马灯数（第八章）

本作品中的“黑衣玛蒂尔德”的命运数是 142857，该数的 2 倍到 6 倍均为相同数字的不同排列。

142857×2=285714

142857×3=428571

142857×4=571428

142857×5=714285

142857×6=857142

不过，142857×7 等于 999999。

◆ 梅森数、梅森素数（第八章、第九章）

梅森数指可以表示为 2^n-1 的数，即比 2 的乘方小 1 的数。梅森数中的素数又称为梅森素数，如 3, 7, 31, 127, 8191 等。

当 p 为素数，且 2^p-1 为梅森素数时，$2^{p-1}(2^p-1)$ 为完满数。因此梅森素数是寻找完满数的线索。

本作品中的“宝石”指较小的梅森素数，如 3, 7, 31, 127 等；“不老神数”则指较大的梅森素数，如 524287。

◆ 毕达哥拉斯素数（第九章）

在素数中，存在无数可以用 $4n+1$，即某数 n 的 4 倍加 1 表示的素数，我们将其称为毕达哥拉斯素数。毕达哥拉斯素数可以表示为 2 个平方数之和，即 a^2+b^2（反之，若 a^2+b^2 为 2 以外的素数，则其必定是毕达哥拉斯素数）。

例如，5 是可以表示为 $4\times1+1$ 的毕达哥拉斯素数，5 也等于 1^2+2^2。下面再举几个其他的例子。

13: $4\times3+1$，2^2+3^2

17: $4\times4+1$，1^2+4^2

29: $4\times7+1$，2^2+5^2

本作品中提到的命运数中包含的“反噬尖刀”即毕达哥拉斯素数。

◆ 卢卡斯数列（第十章）

卢卡斯数列和斐波那契数列一样，后项均为前两项之和。但是斐波那契数列的前两项都为 1，而卢卡斯数列的第二项是 3（另一种定义方式是，第一项是 2，第二项是 1，后面为 3, 4, 7, 11, …）

1, 3, 4, 7, 11, 18, 29, 47, 76, 123, …

卢卡斯数列和斐波那契数列有很多相同的特性。本作中与斐波那草相似的卢卡斯草使用了卢卡斯数列。

◆ 角谷猜想（Collatz猜想）（第十二章）

对于任意数进行如下操作：

1）偶数除以 2；

2）奇数乘以 3 再加 1。

反复进行如上操作后，其最终结果为 1，这就是角谷猜想（Collatz 猜想）。该猜想是否对所有数都成立仍留待证明，目前已证明，即使是很大的数，该假说也成立。

本作品中的“命运数泡沫”及精灵王加迪管理的“科拉茨操作”都源于该猜想。

后记

大约两年前，东京书籍株式会社的大原麻实第一次向我发出出版邀请，说“想做一本以计算机程序为主题的故事书”。之后，我把过去作为参考资料写的作品重新润饰了一下，在 2018 年夏天出版了《漫画计算机原理：在异世界从零制造计算机》(コンピュータ、どうやってつくったんですか?)。但如果要契合“故事”这一主题，则还需要一些时间来确定故事框架。在写作 2016 年由东京大学出版会出版的《精灵之箱：图灵机的冒险故事》(精霊の箱　チューリングマシンをめぐる冒険)时，我感觉已经把所有能想到的“以计算机程序为主题的故事”都写了进去，而且，把程序和计算机这种工具类的东西在故事世界中展现得活灵活现，需要非常复杂的设定。因此，在写作本书之前，很长一段时间我都没能找到好的故事框架。我反复尝试，直到确定了以下两个条件后，才终于有了点儿头绪。

第一，用类似“白雪公主故事中的魔镜”的设计来隐喻计算机。因为几乎所有人都听过白雪公主的故事，里面的恶毒王妃向魔镜提问，得到魔镜回答的场景十分有名。因此无须过多铺垫，读者也能毫不费力地接受这一设定。而且“白雪公主”给人的印象，自然而然地给登场人物的性格和世界观以及故事风格做了一个基调定位。

第二，不使用具体的东西来隐喻计算机的直接处理对象“数”，而在故事中直接使用“数”，并将其作为贯穿故事始终的主线。我在研究数的过程中，发现了非常多有趣的地方，所以我决定把这些有趣的地方串联起来放进故事中，我的这一想法也得到了大原女士的赞同。在实际撰写的过程中，我遇到了许多困难，幸得有大原女士的鼓励和建议，以及得益于数本身的巨大魅力，我才最终完成了这本书。

因为书中有很多知识我也是第一次接触，所以在撰写故事的过程中，我常常十分苦恼，不知道自己的理解是否正确以及自己的写法是否恰当。幸得有茶水女子大学的浅井健一老师和开成中学的松野阳一郎老师帮忙审阅，指出了其中不够完善的地方，并在数学知识的解释方法上给了我十分具有建设性的建议。两位老师也在故事上给了我许多宝贵的评价，帮助我不断改进故事的内容。本书若还有表达不准确或理解上的错误，都是我的疏忽。

本书封面上的插画由插画家 Kaitan 所作。飘浮在蓝色空间中的“圣书”壮丽雄伟，极具感染力，令我深深折服，也让我再一次见识到了绘画的魅力。曾在《漫画计算机原理：在异世界从零制造计算机》上有过合作的设计师泽田 KAORI 女士（Toshiki Fabre 合同会社），这次为我打造了一本充满神秘感的书。此外，校对佐藤宽子也指出了许多尖锐的问题，对最后成书有很大的帮助。在此，我谨向各位表示衷心的感谢。

数论被称为“数学女王”。本书中的内容只涉及了数论中的九牛一毛，而且也仅是浅尝辄止，并未深及其里。尽管如此，如果大家能在阅读本书的过程中，感受些许数学世界的魅力的话，我将倍感荣幸。

川添爱

2019 年 5 月

参考文献

1. Alex Bellos（著），水谷淳（訳）『どんな数にも物語がある　驚きと発見の数学』SB Creative，2015 年.
2. Underwood Dudley（著），森夏樹（訳）『数秘術大全』青土社，2010 年.
3. 上羽陽子（監修），国立民俗学博物館（協力）『世界のかわいい民族衣装』誠文堂新光社，2013 年.
4. Sheila Paine(著)，福井正子（訳）『世界お守り・魔除け文化図鑑』柊風社，2006 年.
5. 塩野七生『ルネサンスの女たち』新潮社，2012 年.
6. 清水健一『大学入試問題で語る数論の世界』講談社，2011 年.
7. John King（著），好田順治（訳）『数秘術　数の神秘と魅惑』青土社，1998 年.
8. 誠文堂新光社（編）『世界のかわいい刺繍』誠文堂新光社，2014 年.
9. 芹沢正三『数論入門』講談社，2008 年.
10. Cesare Vecellio（著），加藤なおみ（訳）『西洋ルネッサンスのファッションと生活』柏書房，2004 年.
11. David Wells（著），伊知地宏（監訳），さかいなおみ（訳）『プライムナンバーズ魅惑的で楽しい素数の事典』O’Reilly Japan，2008 年.

12. Derrick Niederman（著），榛葉豊（訳）『数字マニアック』化学同人，2014 年 .
13. 中沢洽樹（訳）『旧約聖書』中央公論新社，2004 年 .
14. Hans Magnus Enzensberger（著），丘沢静也（訳）『数の悪魔算数・数学が楽しくなる 12 夜』晶文社，2000 年 .
15. 文化学園服飾博物館（編）『世界の絣』文化学園服飾博物館，2011 年 .
16. 文化学園服飾博物館（編）『紋織りの美と技　絹の都リヨンへ』文化学園服飾博物館，1994 年 .
17. 苗族刺繡博物館（編）『ミャオ族の刺繡とデザイン』大福書林，2016 年 .
18. Miranda Bruce－Mitford（著），小林頼子、望月典子（訳）『サイン・シンボル大図鑑』三省堂，2010 年 .
19. 由水常雄『香水瓶　古代からアール・デコ、モードの時代まで』二玄社，1995 年 .
20. Larry Rosenberg（著），井上ウィマラ（訳）『呼吸による癒し』春秋社，2001 年 .

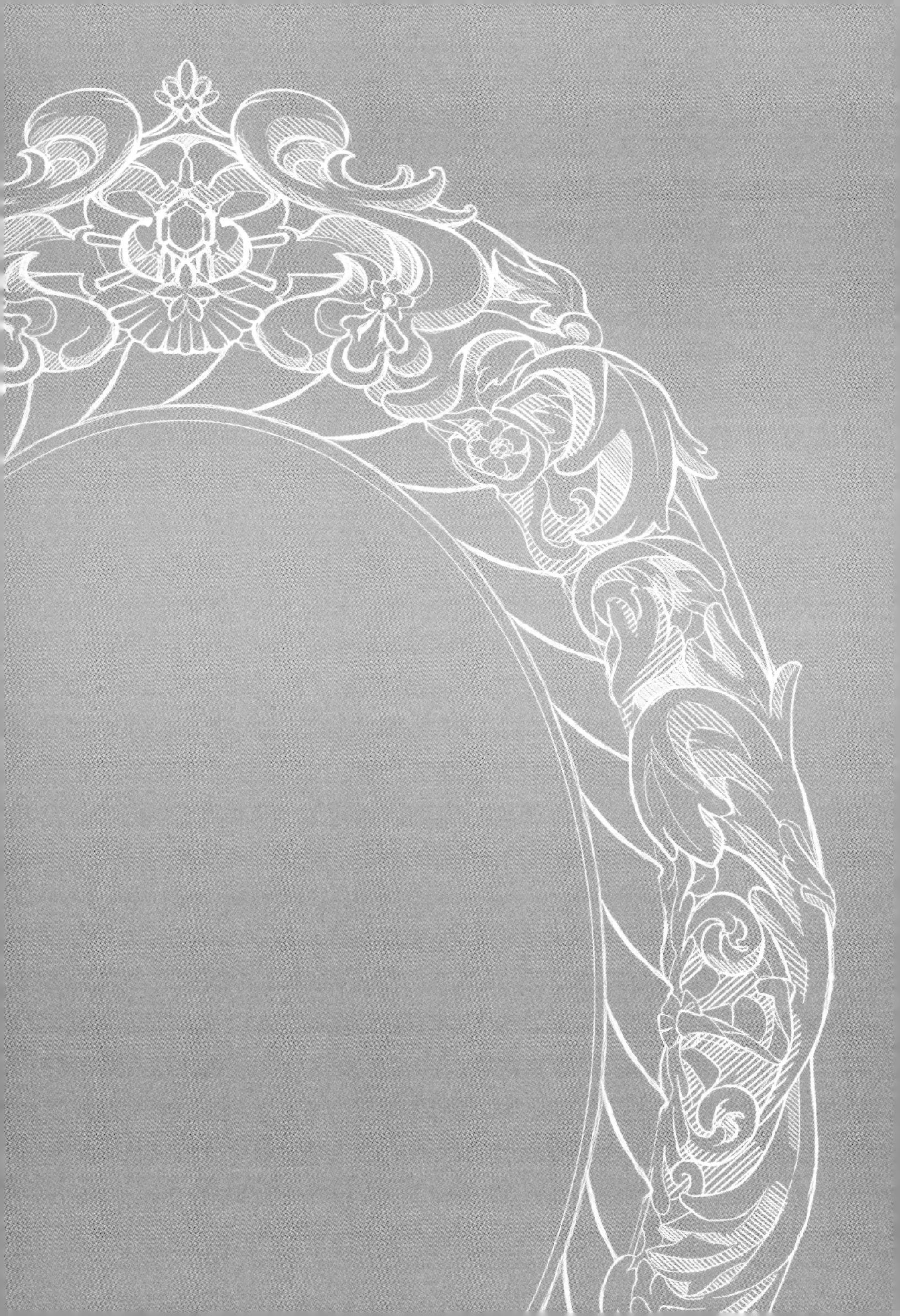